湖北对流云结构特征及人工增雨技术

李德俊 袁正腾 陈英英 等◎编著

内容简介

本书是在"湖北地区对流云人工增雨关键技术及应用"项目成果基础上编写而成的。书中围绕对流云结构特征和人工增雨相关技术开展研究,研发了作业潜力云分类识别、作业条件识别、作业概念模型建立、作业效果检验分析等人工影响天气关键技术,建立了集对流云跟踪监测技术、人工增雨作业条件综合识别指标体系与效果分析检验于一体的对流云人工增雨业务系统平台,形成了湖北省对流云人工增雨业务服务体系。全书共8章,包括对流云分布特征和增雨潜力分析、对流云跟踪监测技术和精细结构特征分析、对流云人工增雨概念模型、对流云人工增雨作业条件综合识别技术、对流云人工增雨作业方案设计与指挥技术、对流云人工增雨作业效果分析技术、对流云跟踪监测及作业效果分析系统研制和对流云人工增雨技术的业务应用。本书内容翔实,实用性、可操作性强,具有较高的社会和经济价值。

本书可供气象、人工影响天气、水文、环境、生态、教育等专业人员参考使用。

图书在版编目(CIP)数据

湖北对流云结构特征及人工增雨技术 / 李德俊等编著. -- 北京:气象出版社,2021.8
ISBN 978-7-5029-7532-6

Ⅰ. ①湖… Ⅱ. ①李… Ⅲ. ①对流云-研究-湖北②人工降水-研究-湖北 Ⅳ. ①P426.5②P481

中国版本图书馆CIP数据核字(2021)第162547号

湖北对流云结构特征及人工增雨技术
Hubei Duiliuyun Jiegou Tezheng ji Rengongzengyu Jishu

出版发行:	气象出版社		
地　　址:	北京市海淀区中关村南大街46号	邮政编码:	100081
电　　话:	010-68407112(总编室)　010-68408042(发行部)		
网　　址:	http://www.qxcbs.com	E-mail:	qxcbs@cma.gov.cn
责任编辑:	张锐锐　吕厚荃	终　　审:	吴晓鹏
责任校对:	张硕杰	责任技编:	赵相宁
封面设计:	地大彩印设计中心		
印　　刷:	北京建宏印刷有限公司		
开　　本:	710 mm×1000 mm　1/16	印　　张:	11
字　　数:	228千字		
版　　次:	2021年8月第1版	印　　次:	2021年8月第1次印刷
定　　价:	69.00元		

本书如存在文字不清、漏印以及缺页、倒页、脱页等,请与本社发行部联系调换。

编委会

主　　编：李德俊

副 主 编：袁正腾　陈英英

参编人员：付　佳　王　海　易柯欣　祝传栋

　　　　　汪天怡　叶建元　唐仁茂　熊守权

　　　　　向玉春　王慧娟　王　明　柳　草

技术顾问：段　英　李培仁

序 言

湖北是一个天气气候灾害频发的省份,虽然被誉为"千湖之省",但是,由于降水量时空分布不均,经济发展与城市化进程的加快,水资源短缺的问题日益突出。开展人工影响天气的科学试验研究,成为湖北防灾减灾救灾、合理利用气候资源、保护生态环境的重要举措。2020年国务院办公厅印发《关于推进人工影响天气工作高质量发展的意见》,赋予了人工影响天气工作新使命、新任务。作为气象工作者,我们要站在国家安全的战略高度,从服务经济社会发展的大局和推进气象事业高质量发展需要的层面来认识人工影响天气工作,补短板、强弱项、扬优势、显特色,以需求为牵引,以创新为驱动,在高效增雨、生态修复、抗季节性干旱、森林火灾扑救等气象保障服务中发挥作用,努力推动《国务院办公厅关于推进人工影响天气工作高质量发展的意见》(国办发〔2020〕47号)提出的2035年我国人工影响天气业务、科技、服务能力达到世界先进水平奋斗目标的实现。

《湖北对流云结构特征及人工增雨技术》概述了15年来湖北气象工作者对人工影响天气研究的最新成果。该成果曾获中国气象局2019年度气象科学技术进步成果二等奖,获国家发明专利1项。书中介绍了作业潜力云分类识别、作业条件识别、作业概念模型建立、作业效果检验分析等人工影响天气关键技术;取得的包含云中水汽相变过程反演、自动搜寻作业目标云,以及自动搜寻对比云进行效果分析等对流云人工增雨多个关键技术的突破。本书从对流云催化条件选取到作业效果评估的全流程上,都做了详尽的阐述和深入的探索,对我国南方地区对流云人工影响天气科学研究和业务作业有借鉴作用,已在南方多个省(区、市)推广使用。

对流云人工增雨是一项复杂而困难的科学技术问题,目前湖北已初步建立了"天基-空基-地基"联合探测机制,推进以南水北调中线水源区为重点的外场人影科学试验基地建设,联合高校探索开展带电粒子应用等外场试验,但仍需在理论与实践的相互作用中不断发展、完善与成熟。所有过往,皆为序章。可以预见,未来将会有更多的有关对流云人工影响天气方面的成果面世,为云物理和人工影响天气学科的发展做出新贡献。

柯怡明[*]

2021 年 3 月

---

[*] 柯怡明,湖北省气象局局长

前 言

湖北水资源总量占全国的2.1%,列全国第14位,年人均水资源占有量1036 m³/人(国家统计局,2020),列全国第12位,仅占全国人均占有量的50%左右,低于国际公认的人均1700 m³的严重缺水警戒线。近年来在气候变暖的背景下,干旱事件在湖北时有发生,2010年秋冬至2011年春夏的四季连旱被评为当年湖北十大气候事件之一,2012—2013年鄂北岗地、鄂东北和江汉平原北部夏季连续干旱,造成重大经济损失。作为南水北调中线工程水源区的湖北,以科学的态度努力寻求人与自然的协调发展、解决湖北省水资源短缺这一重大问题是实现可持续发展的重要保障。

湖北伏旱季节的人工增雨作业对象主要是对流云或以对流为主的混合积云,不同的对流云降水过程的冰晶和过冷水含量、云中上升运动以及催化条件等差异很大,催化结果也有很大不同。若催化的时间、部位、剂量与有利于对流降水的时段、区域、云水含量等相互配合不好,人工增雨作业就难以起到恰当的催化作用,导致无法实现增加地面降水的目的。为了提高对流云增雨的有效性,需要对对流云人工增雨的关键技术开展系统性研究。在公益性行业(气象)科研专项"江淮对流云多普勒雷达特征研究"专题、华中区域气象中心科技发展基金"对流云综合监测识别及人工增雨技术研究"等8个省部级项目的支持下,湖北省气象部门围绕对流云结构特征、人工增雨作业条件识别、作业概念模型建立、作业方案设计、作业效果检验评估等关键技术持续开展科学研究,取得了云中水汽相变过程反演、自动搜寻作业目标云以及自动搜寻对比云进行效果分析等对流云人工增雨多个关键技术突破。

本书是编写团队在该领域近十五年的研究成果总结,涵盖了卫星、多普勒天气雷达、GPS/MET、微波辐射计、激光雨滴谱仪、测云仪、探空、地面气象站、GRAPES模式、三维双参数积云模式、LAPS等资料和数据产品,以及对流云人工增雨多个关键技术在湖北人工影响天气科研业务中的分析应用,多年来支撑了湖北地区高效催化、科学增雨的作业实施。书中提到的相关技术已在我国南方地区(安徽、海南、西藏、四川等地)对流云人工增雨工作中进行了试用,对流云作业条件识别成功率达到了90%,催化对流单体比非作业云生命史延长15~25 min,平均增雨率为23%,增强了气象部门为抗旱减灾和国民经济可持续发展的服务能力。

本书共分为8章。第1章 对流云分布特征和增雨潜力分析,由陈英英、向玉春、熊守权撰写;第2章 对流云跟踪监测技术和精细结构特征分析,由王海、李德俊撰写;第3章　对流云人工增雨概念模型,由李德俊、王慧娟撰写;第4章　对流云人工增雨作业条件综合识别技术,由祝传栋、陈英英撰写;第5章　对流云人工增雨作业方案设计与指挥技术,由李德俊、叶建元、祝传栋、柳草撰写;第6章　对流云人工增雨作业效果分析技术,由袁正腾、唐仁茂撰写;第7章　对流云跟踪监测及作业效果分析系统研制,由袁正腾、付佳撰写;第8章　对流云人工增雨技术的业务应用,由汪天怡、易柯欣撰写。

　　本书在编写过程中,得到了有关领导、专家和同行的指导和支持。感谢湖北省气象局领导和各州、市气象局领导给予的支持和帮助。感谢国家气候中心丁一汇院士、中国气象科学研究院李集明研究员和周毓荃研究员、山西省人工降雨防雹办公室李培仁研究员、河北省人工影响天气办公室段英研究员等人工影响天气资深专家给予的指导和帮助。感谢湖北省气象局张震、陈正洪、成驰、刘剑,武汉市气象局张业际、柳戊弼,恩施州气象局单兴佑、马焱雷、张英,十堰市气象局周勇、刘志勇,宜昌市气象局唐巧珍,襄阳市气象局赵羽佳等所做的大量基础性工作。感谢为本书研究工作提供了基础气象观测、雷达、卫星资料处理等相关支持的所有气象工作人员。

　　由于作者学识水平有限,疏漏之处在所难免,恳请读者批评和指正,以便今后修订。

作者
2021 年 6 月

目 录

序 言
前 言

第 1 章 对流云分布特征和增雨潜力分析   001

     1.1 对流云分布特征   001
     1.2 对流云天气系统分类   009
     1.3 对流云增雨潜力分析   010
     1.4 小结   022

第 2 章 对流云跟踪监测技术和精细结构特征分析   024

     2.1 对流云跟踪监测技术的研究   024
     2.2 基于FY卫星的对流云跟踪监测   028
     2.3 基于多普勒雷达跟踪监测对流云   034
     2.4 基于微波辐射计跟踪监测对流云   040
     2.5 基于激光雨滴谱跟踪监测对流云   045
     2.6 对流云结构特征分析   048
     2.7 小结   053

第 3 章 对流云人工增雨概念模型   054

     3.1 对流云数值模拟试验   054
     3.2 对流云降水物理模型   061
     3.3 对流云增雨概念模型   062
     3.4 小结   063

第 4 章　对流云人工增雨作业条件综合识别技术　　064

  4.1　作业潜力云分类解释判别技术　　065
  4.2　对流云的作业条件识别技术　　068
  4.3　小结　　081

第 5 章　对流云人工增雨作业方案设计与指挥技术　　083

  5.1　对流云增雨作业方案设计　　083
  5.2　多单体对流系统增雨作业方案设计　　098
  5.3　区域和连续增雨作业跟踪指挥　　112
  5.4　小结　　112

第 6 章　对流云人工增雨作业效果分析技术　　114

  6.1　自动选取对比云技术　　115
  6.2　作业效果分析技术　　117
  6.3　小结　　129

第 7 章　对流云跟踪监测及作业效果分析系统研制　　130

  7.1　系统构架　　130
  7.2　数据采集与处理　　131
  7.3　综合监测分析　　133
  7.4　作业条件识别　　138
  7.5　作业技术参数计算　　139
  7.6　对比云自动识别　　140
  7.7　作业效果分析检验　　141
  7.8　系统设置　　142
  7.9　小结　　143

第 8 章　对流云人工增雨技术的业务应用　　144

  8.1　典型个例应用　　145

8.2　推广应用情况　　　　　　　　　　　　　　158
8.3　经济效益和社会效益　　　　　　　　　　　159

参考文献　　　　　　　　　　　　　　　　　　161

第 1 章
对流云分布特征和增雨潜力分析

对流云具有生消快、局地性强、增雨潜力大等特点,是湖北省开展人工增雨的主要云系。受天气条件、地形地貌等多种因素影响,不同对流云的云降水性质存在差异,催化潜力也不尽相同,如果催化的时间、部位、剂量无法与有利于对流云降水的时段、区域、云水含量等相互配合,人工增雨作业就难以起到恰当的催化作用,导致无法实现增加地面降水的目的。为提高湖北省对流云人工增雨的有效性,本章利用多年的高空、地面观测资料以及模式模拟技术,分析湖北省对流云出现的地域与气候背景及降水特征和增雨潜力,为科学开展对流云人工增雨作业提供科学支撑。

1.1 对流云分布特征

鉴于湖北人工增雨作业的对象主要是对流云,且对流云是含水量较为丰富的云类,对《地面气象观测规范》(中国气象局,2003)规定的每日间隔 3 h 的 8 次人工云类观测资料(观测时间分别为北京时 02 时、05 时、08 时、11 时、14 时、17 时、20 时、23 时)进行统计分析,单站在每日 8 次观测中每观测到 1 次对流云即统计为 1 次。统计得出全省 77 个台站 2000—2006 年 1—12 月各月对流云的出现次数,再按照人工增雨划分的 7 个区域(图 1-1)进行分区统计,为了解省内云水资源分布奠定基础。从可进行增雨催化的角度考虑,本节统计的对流云是指地面观测云类中的积云(Cu)和层积云(Sc)。

按照人工增雨划分的 7 个区域,分别统计得到全省 77 个气象站 2000—2006 年 1—12 月对流云的出现次数。

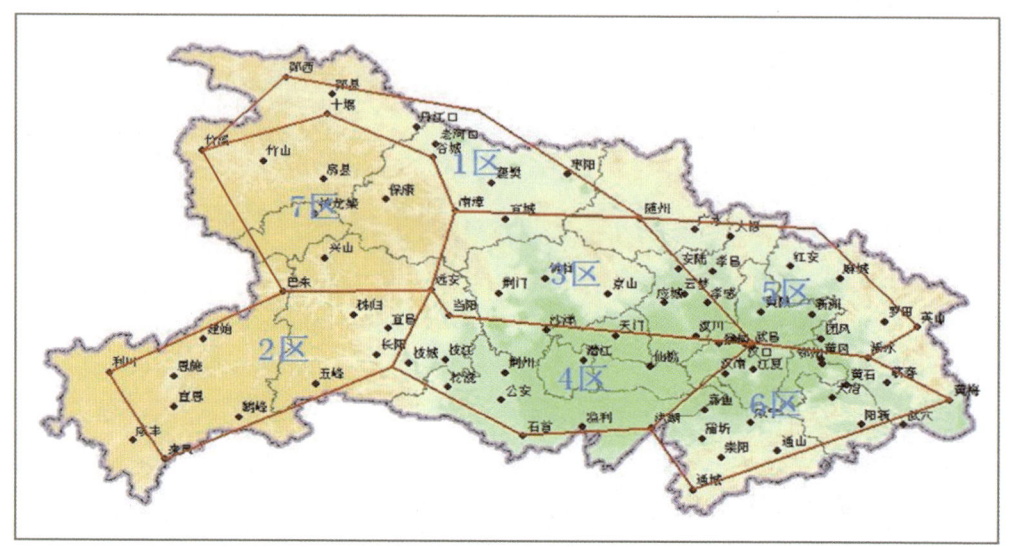

图 1-1　湖北省人工增雨分区图(向玉春 等,2008)

1.1.1　各区域地理特征及降水量分布

各区的地理特征及降水量分布情况如下:

1 区有襄樊、十堰等 12 个气象台站,属鄂北气候区和鄂西北气候区,大部分地处汉水上游谷地,因处在大巴山、武当山和荆山山脉的背风坡,地理位置偏北,是湖北省降雨量最少的地方。

2 区地处鄂西南的长江三峡谷地、清江流域以及巫山、武陵山的部分范围内,共有 15 个气象台站。地形复杂多样,平均海拔高度 1000~1500 m,具有典型的山地气候特征,降水量和湿润状况随海拔高度的增高而变化,是湖北省的多雨中心。

3 区和 4 区为鄂中平原气候区,分别有 11 个和 10 个气象台站。

5 区为鄂东北和鄂南沿长江平原气候区,有 10 个气象台站。

6 区属于鄂东南气候区,有 14 个气象台站,由于地理位置偏南,冬季常常受到南岭静止锋雨区扩大时的影响,冬春多雨。月降水量自 3 月开始增多,6—7 月增至峰值。该区的伏旱比较严重。

7 区有神农架、兴山等 5 个气象台站,是典型山地气候特征,7—8 月份降水最大,雨热同季。

各区 2000—2006 年 1—12 月平均降水量见图 1-2。

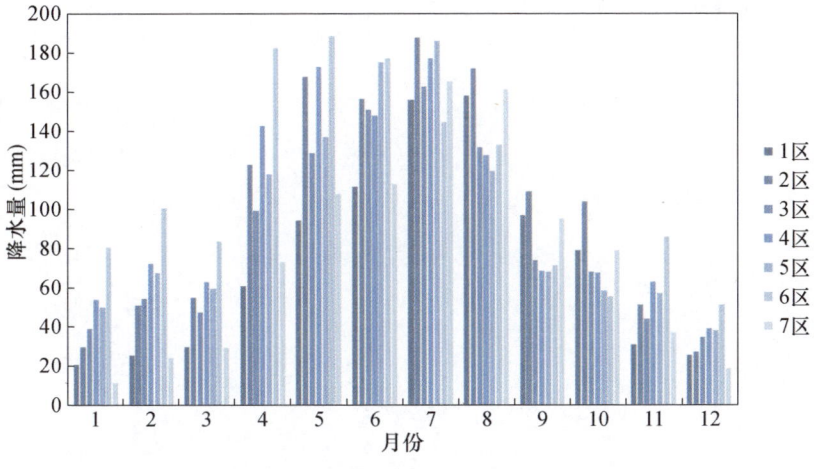

图 1-2　2000—2006 年分区月平均降水量分布

1.1.2　不同月份和季节积云、层积云的分布特征

湖北省地处四川盆地以东,长江由西向东贯穿全境,地形西、北、东三面环山,形成一向南敞开的不完整盆地。各地夏、秋季节的对流云时空分布由于受地理条件和天气系统影响的不同,表现出不同的特点。

统计结果表明:两种对流云的出现频率排序为:积云＞层积云。

湖北省从 1 月份起,各区积云在天气系统的影响下开始逐渐增多;7—9 月,积云出现频率明显增多并达到峰值,累计占全年积云总数的 60％以上;从 11 月起积云又逐渐减少。从分区情况看,积云出现的次数为 2 区＞6 区＞5 区＞1 区＞3 区＞4 区＞7 区。7—9 月,积云出现频率的全年占比分别为 1 区 66％、2 区 59％、3 区 69％、4 区 66％、5 区 68％、6 区 66％、7 区 61％。2000－2006 年各区逐年各月积云出现次数见表 1-1,分区积云各月出现频率分布见图 1-3。

表 1-1　湖北省 2000—2006 年各月积云出现次数

年份	分区	1月	2月	3月	4月	5月	6月	7月	8月	9月	10月	11月	12月
2000	1 区	2	7	8	24	19	38	119	189	173	80	69	6
	2 区	0	29	81	75	96	128	289	484	402	210	182	38
	3 区	0	4	30	29	45	40	177	210	221	97	81	3
	4 区	0	8	40	60	44	40	250	318	348	154	109	17
	5 区	1	2	21	32	52	43	190	271	287	133	60	9
	6 区	0	14	30	36	67	68	273	526	463	207	106	14
	7 区	0	3	11	13	24	53	102	148	148	63	52	8

续表

年份	分区	1月	2月	3月	4月	5月	6月	7月	8月	9月	10月	11月	12月
2001	1区	0	11	20	22	51	133	225	427	293	149	37	14
	2区	0	70	77	101	164	247	346	879	673	279	156	64
	3区	3	3	9	9	59	39	169	468	407	163	21	6
	4区	0	7	30	19	73	29	203	419	314	147	14	3
	5区	0	6	16	13	59	77	277	602	458	220	19	10
	6区	0	15	18	47	83	90	277	600	424	236	49	14
	7区	0	9	11	20	48	74	105	189	153	72	43	10
2002	1区	0	5	28	60	61	197	221	331	291	156	41	3
	2区	2	81	45	167	181	256	471	615	518	305	136	52
	3区	0	11	17	53	86	146	253	332	320	153	11	1
	4区	1	20	24	37	92	92	222	288	262	158	17	8
	5区	0	23	16	53	106	177	303	324	349	179	27	7
	6区	0	31	14	74	131	140	322	391	337	193	55	14
	7区	0	11	0	40	38	71	134	151	111	88	19	9
2003	1区	0	0	26	19	81	110	143	276	237	151	54	20
	2区	2	23	67	116	112	211	260	530	636	345	118	61
	3区	0	0	12	27	63	80	107	212	255	135	50	15
	4区	0	2	17	28	60	88	117	174	245	122	44	8
	5区	0	0	16	48	103	152	226	318	364	174	30	9
	6区	0	5	17	63	82	153	184	433	402	164	40	13
	7区	0	1	6	13	27	56	84	107	132	74	27	12
2004	1区	0	5	16	40	52	74	222	422	281	147	46	12
	2区	0	54	125	86	138	151	307	647	550	231	158	113
	3区	0	3	15	46	63	38	158	281	289	90	27	13
	4区	0	9	14	50	51	34	114	230	229	98	13	8
	5区	2	3	11	50	118	56	174	374	367	143	26	8
	6区	0	7	21	38	131	103	187	481	381	184	55	35
	7区	0	9	10	21	45	40	81	153	96	57	36	13

续表

年份	分区	1月	2月	3月	4月	5月	6月	7月	8月	9月	10月	11月	12月
2005	1区	0	4	10	45	104	60	156	328	315	149	50	13
	2区	0	23	59	95	234	210	383	690	542	322	147	79
	3区	3	3	9	25	64	92	177	386	298	107	28	15
	4区	0	4	10	23	62	102	164	288	223	117	24	21
	5区	0	1	11	20	118	180	184	515	332	185	51	27
	6区	0	7	21	38	131	103	187	481	381	184	55	35
	7区	0	6	12	41	161	265	267	539	385	224	31	32
2006	1区	2	6	24	30	45	161	207	428	300	60	41	23
	2区	0	40	66	125	176	288	416	721	705	275	155	82
	3区	0	5	15	25	39	107	201	235	236	36	11	11
	4区	0	4	23	27	50	72	203	231	239	82	29	16
	5区	0	2	4	5	108	141	332	491	439	140	41	12
	6区	1	10	17	28	124	198	399	387	353	122	47	6
	7区	0	4	8	20	30	58	92	119	135	31	28	4
总次数	1区	4	38	132	240	343	773	1293	2401	1890	892	338	91
	2区	4	320	520	765	1101	1491	2472	4566	4026	1967	1052	489
	3区	6	29	107	214	419	542	1242	2124	2026	781	229	64
	4区	1	54	158	244	432	457	1273	1948	1860	878	250	91
	5区	3	37	95	221	664	826	1686	2895	2596	1174	254	82
	6区	1	89	138	324	749	855	1829	3299	2741	1290	407	131
	7区	0	43	58	168	373	617	865	1406	1160	609	236	88
总频率	1区	0.047	0.451	1.565	2.845	4.066	9.164	15.329	28.465	22.407	10.575	4.007	1.079
	2区	0.021	1.705	2.770	4.075	5.865	7.942	13.168	24.322	21.446	10.478	5.604	2.605
	3区	0.077	0.373	1.375	2.750	5.384	6.964	15.958	27.290	26.031	10.035	2.942	0.822
	4区	0.013	0.706	2.066	3.191	5.650	5.977	16.649	25.477	24.326	11.483	3.270	1.190
	5区	0.028	0.351	0.902	2.098	6.304	7.842	16.007	27.485	24.646	11.146	2.411	0.779
	6区	0.008	0.751	1.164	2.733	6.319	7.213	15.431	27.833	23.125	10.883	3.434	1.105
	7区	0.000	0.765	1.032	2.988	6.633	10.973	15.383	25.004	20.630	10.831	4.197	1.565

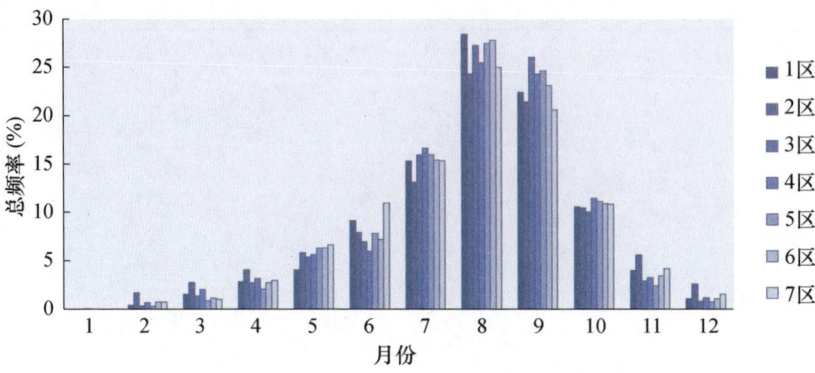

图 1-3　分区积云各月出现总频率分布图

层积云 8—9 月出现频率最高，但在 2—7 月和 10—12 月也有相当数量的频率分布，1 月基本没有出现层积云。8—9 月，层积云出现频率的全年占比分别为 1 区 35％、2 区 26％、3 区 31％、4 区 24％、5 区 28％、6 区 27％、7 区 33％。2000—2006 年逐年各月层积云出现次数见表 1-2，分区层积云各月出现频率分布见图 1-4。

表 1-2　湖北省 2000—2006 年各月层积云出现次数

年份	分区	1月	2月	3月	4月	5月	6月	7月	8月	9月	10月	11月	12月
2000	1区	1	148	78	73	64	87	119	163	109	151	138	144
	2区	0	185	200	134	177	139	251	237	214	197	190	141
	3区	1	26	55	29	55	73	102	64	76	53	54	59
	4区	0	24	66	18	47	32	100	63	83	60	52	39
	5区	1	199	111	83	103	77	168	101	136	102	137	94
	6区	0	95	132	89	107	108	258	187	244	131	155	132
	7区	0	37	26	17	28	35	64	100	93	68	55	36
2001	1区	0	143	111	59	130	127	189	280	186	138	104	99
	2区	0	215	182	157	190	160	303	338	247	198	216	128
	3区	2	111	26	45	66	48	88	110	79	29	41	66
	4区	0	38	38	47	62	52	86	74	67	34	45	30
	5区	1	105	88	56	82	83	158	139	165	55	90	51
	6区	0	117	109	67	104	75	171	173	126	57	94	40
	7区	0	40	36	33	47	57	69	85	89	76	42	30

续表

年份	分区	1月	2月	3月	4月	5月	6月	7月	8月	9月	10月	11月	12月
2002	1区	1	63	116	141	240	217	198	207	227	188	117	101
	2区	0	135	193	171	237	238	285	257	238	179	144	117
	3区	0	33	76	85	104	99	104	136	94	52	30	58
	4区	2	21	62	51	92	78	119	104	69	55	39	52
	5区	0	78	70	97	198	222	151	125	181	107	67	64
	6区	1	89	78	128	189	163	173	159	126	115	81	100
	7区	0	33	43	46	60	76	76	94	75	58	43	28
2003	1区	2	62	158	195	263	279	208	414	573	251	120	173
	2区	1	113	204	201	236	250	173	328	266	193	215	186
	3区	0	26	55	44	87	103	93	145	176	106	50	39
	4区	0	14	74	41	78	84	63	68	86	78	47	44
	5区	1	38	108	116	138	174	175	139	200	149	83	68
	6区	0	47	126	118	151	155	152	153	204	160	98	61
	7区	1	18	60	43	46	61	33	90	149	74	54	44
2004	1区	0	107	79	76	140	156	163	299	468	212	101	73
	2区	1	155	120	171	128	155	133	211	389	145	105	165
	3区	0	37	17	52	61	50	91	123	130	42	26	26
	4区	0	51	34	74	49	38	62	70	85	32	28	85
	5区	2	90	51	77	99	64	118	142	218	79	28	47
	6区	0	101	42	134	93	100	122	191	227	98	59	66
	7区	0	29	26	28	36	45	34	85	97	40	26	28
2005	1区	0	73	154	82	112	252	137	506	475	415	238	135
	2区	0	137	205	150	136	247	150	284	279	190	166	191
	3区	2	85	49	31	40	106	86	133	127	91	47	44
	4区	0	31	56	60	59	126	87	100	97	75	59	72
	5区	0	116	83	64	92	172	113	198	215	88	96	76
	6区	1	78	126	112	66	159	114	179	243	107	102	90
	7区	0	26	67	41	30	53	36	102	81	66	51	25

续表

年份	分区	1月	2月	3月	4月	5月	6月	7月	8月	9月	10月	11月	12月
2006	1区	1	128	172	61	147	175	216	538	476	210	123	166
	2区	0	71	114	99	142	132	147	362	212	106	120	119
	3区	0	46	99	35	59	96	130	206	132	62	28	72
	4区	1	75	92	88	82	84	107	152	98	59	85	90
	5区	0	18	44	16	37	47	44	86	52	33	17	39
	6区	1	153	177	98	172	142	194	296	174	138	117	165
	7区	0	50	41	27	46	45	53	118	101	50	41	73
总次数	1区	5	724	868	687	1096	1293	1230	2407	2514	1565	941	891
	2区	2	1011	1218	1084	1246	1321	1442	2017	1845	1208	1156	1047
	3区	5	364	377	321	472	575	660	917	814	435	276	364
	4区	3	254	422	329	469	494	624	631	585	393	355	412
	5区	4	644	555	509	749	839	927	930	1167	613	518	439
	6区	3	680	731	746	882	902	1184	1338	1344	806	706	654
	7区	1	233	299	235	293	372	365	674	685	432	312	264
总频率	1区	0.035	5.091	6.104	4.831	7.707	9.092	8.649	16.926	17.678	11.005	6.617	6.265
	2区	0.014	6.926	8.344	7.426	8.536	9.050	9.879	13.818	12.640	8.276	7.919	7.173
	3区	0.090	6.523	6.756	5.753	8.459	10.305	11.828	16.437	14.588	7.800	4.946	6.523
	4区	0.060	5.110	8.489	7.624	9.434	9.938	12.553	12.694	11.768	7.960	7.142	8.288
	5区	0.0538	8.659	7.466	6.844	10.075	11.286	12.470	12.51	15.700	8.246	6.968	5.905
	6区	0.0300	6.816	7.328	7.478	8.841	9.042	11.869	13.412	13.472	8.079	7.077	6.558
	7区	0.0240	5.594	7.179	5.642	7.035	8.932	8.764	16.183	16.447	10.372	7.491	6.339

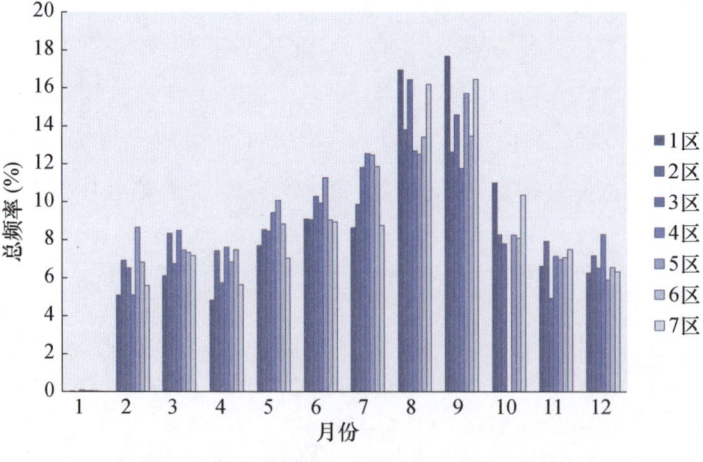

图 1-4　分区层积云各月出现总频率分布

由以上统计分析得出，7—9月对流云的发生和发展与湖北省的天气气候变化密切相关。2000年以来，7—9月为积云出现频率的峰值区，尤其8月盛夏季节最大。大多数年份6月上旬至7月上旬，随着副热带高压（简称副高）第一次北跳，大量的暖湿气流源源不断地来到江淮流域上空，在中高纬度的西风带环流、青藏高原以南的南支西风急流减弱北撤的大气环流形势下，北方的冷空气只能到达江淮流域，冷暖空气相遇形成梅雨锋，此时相对湿度大，云多，雨量充沛。8—9月盛夏季节，湖北省受到副热带高压外围天气系统和地面热力的共同作用，对流天气明显增多，此时全省各地积云出现的次数多，频率高。11—次年5月，受高空槽、大陆高压等影响，积云出现频率明显偏低。

鄂西南地区，盛夏由于受到副热带高压外围天气系统的影响，加上山区地形的抬升作用，会产生大量的积云。3区、4区地处江汉平原，夏季受副热带高压的控制，天气晴热少云。而地处鄂东南的5区、6区，虽然也处在副热带高压的控制之下，但在台风倒槽的影响和丘陵地形的影响下，时常有对流云出现。所以积云出现次数也多于3区、4区。

进入秋季，北方冷空气势力开始加强，夏季风南撤到长江以南，长江流域受地面冷高压控制。但此时高空仍受副热带高压控制，并在湖北省东部地区呈叠加状态，形成了秋高气爽的天气，晴多雨少，所以位于鄂东的5区和6区10月积云出现频率明显小于前面的2个月。鄂西山地处在南撤的副高边缘，受青藏高原东移的低槽影响，西南暖湿气流仍较旺盛，加上山地的抬升作用，形成绵绵秋雨，但降水强度不及春天。秋风秋雨的鄂西山地和秋高气爽的江汉平原，两种截然不同的天气状况使湖北的秋季有了鲜明的地域特色。

1.2 对流云天气系统分类

收集2007—2013年湖北境内83个县市气象站点的雷暴日数据，统计了5—9月日雷暴气象站点≥10个作为典型对流云天气过程个例，按副高外围、高原槽、副高控制、南支槽、台风倒槽、华北低槽型、高原涡等天气形势进行详细分类。

各类环流形势对湖北省各类对流天气的贡献率和降水特征统计如表1-3所示，2007—2013年总共收集副高外围型94个、高原槽型64个、副高控制型51个、南支槽型45个、台风倒槽型22个、华北低槽型20个、高原涡型14个；其中副高外围产生的对流性降水所占比例最大，为29.84%；接着依次为高原槽型、副高控制型、南支槽型、台风倒槽型、华北低槽型，高原涡型所占比例最小。高原槽型的平均小时降水量最大为4.96 mm/h，然后依次是高原涡型(4.48 mm/h)、副高控制型(4.18 mm/h)、副高外围型(4.00 mm/h)、台风倒槽型(3.59 mm/h)、南支低槽型(3.57 mm/h)、华北低槽型的平均降水量最低，为3.51 mm/h。可见湖北对流云降水率在各个天气系统中范围为3.51~4.96 mm/h，差别不大，仅为1.45 mm/h。

表 1-3　2007—2013 年各类天气环流型过程所占比例、
平均降水量及个例数

天气环流型	所占比数（%）	平均小时降水量（mm/h）	个例数（个）
副高外围型	29.84	4.00	94
高原槽型	20.32	4.96	64
副高控制型	16.19	4.18	51
南支槽型	14.29	3.57	45
台风倒槽型	6.98	3.59	22
华北低槽	6.35	3.51	20
高原涡型	4.44	4.48	14

通过对对流性天气过程的演变分析发现，单体活跃时期要先于成熟旺盛时期出现，且单体活跃期平均降水量更大。因此，在对流单体活跃发展阶段进行催化作业可以取得较好的增雨效果，在对流云跟踪监测和作业条件识别过程就是要找寻作业点附近活跃发展阶段的对流云作为作业目标云。

1.3　对流云增雨潜力分析

1.3.1　GRAPES 模式增雨潜力分析

国家气象中心以 GRAPES 模式为基础，通过耦合详细的云降水物理方案，研发了人工增雨的云系模式。模式分辨率为 0.2°，南北向 190 个格点，东西向 315 个格点，左下角的起始坐标为（72.5 °E，17 °N）；模式每日预报两次，分别为 08:00 和 20:00 起报（北京时，下同），预报时效为 0~24 h。产品包括降水和形势场预报、云微物理场预报和云宏观场预报，均有 8 个时次预报产品。

选取 2009 年夏季湖北省 25 次有较明显降水过程的 GRAPES 资料进行分析（表1-4），得出如下结论：

（1）64% 的个例 3 h 降水量预报在 1~10 mm 之间，其余 36% 在 10~25 mm 范围内；

（2）所有个例的 400 hPa 总水凝物比含水量 ≥0.01 g/kg，冰晶比含水量 ≥0.001 k/kg，冰晶数浓度 ≥0.1 个/L，68% 的冰晶数浓度在 0.1~10 个/L；

（3）所有个例的 500 hPa 总水凝物比含水量≥0.01 g/kg，冰晶比含水量≥0.001 k/kg，96％的个例冰晶数浓度≥0.1 个/L；

（4）所有个例的云顶温度低至 210～220 K 之间。

因此，得出如下夏季一般性增雨作业条件指标：

①模式降水预报 3 h 降水为 1～10 mm；

②400 hPa 总水凝物含量≥0.01 g/kg；

③冰晶比含水量≥0.01 k/kg；

④冰晶数浓度≥0.1 个/L；

⑤500 hPa 总水凝物含量≥0.01 g/kg；

⑥冰晶比含水量≥0.01 k/kg；

⑦冰晶数浓度≥1 个/L；

⑧云顶温度＜－10 ℃。

表 1-4　2009 年夏季人工增雨云系模式产品

日期（月.日）	3 h 降水（mm）	400 hPa 总水凝物比含水量（g/kg）	400 hPa 冰晶比含水量（0.01 g/kg）	400 hPa 冰晶数浓度（1/L）	500 hPa 总水凝物比含水量（g/kg）	500 hPa 冰晶比含水量（0.01 g/kg）	500 hPa 冰晶数浓度（1/L）	云顶温度（K）
5.1	1～10	0.01～0.50	0.1～5.0	0.1～50.0	0.01～0.50	0.1～5.0	0.1～10.0	220～280
5.12	1～10	0.01～0.30	0.1～1.0	0.1～10.0	0.01～0.70	0.1～1.0	0.1～1.0	210～280
5.14	1～10	0.01～0.50	0.1～5.0	0.1～10.0	0.01～0.50	0.1～1.0	0.1～1.0	210～280
5.15	10～25	0.01～0.50	0.1～1.0	0.1～10.0	0.01～0.50	0.1～1.0	0.1～1.0	210～280
5.16	10～25	0.01～0.50	0.1～5.0	0.1～50.0	0.01～0.70	0.1～5.0	0.1～10.0	220～260
5.27	1～10	0.01～0.50	0.1～5.0	0.1～10.0	0.01～0.90	0.1～5.0	0.1～1.0	210～270
6.6	1～10	0.01～0.10	0.1～1.0	0.1～1.0	0.01～0.05	0.1～1.0	0.1～1.0	210～280
6.7	1～10	0.01～0.50	0.1～5.0	0.1～50.0	0.01～0.50	0.1～1.0	0.1～10.0	210～240
6.8	10～25	0.01～0.70	0.1～5.0	0.1～10.0	0.01～0.50	0.1～5.0	0.1～1.0	210～280
6.28	1～10	0.01～0.90	0.1～5.0	0.1～10.0	0.01～0.70	0.1～5.0	0.1～1.0	210～240
6.29	10～25	0.01～0.70	0.1～5.0	0.1～50.0	0.01～0.90	0.1～5.0	0.1～1.0	210～260
6.30	10～25	0.01～0.90	0.1～5.0	0.1～10.0	0.01～0.90	0.1～1.0	0.1～1.0	210～280

续表

日期 (月.日)	3 h降水 (mm)	400 hPa 总水凝物 比含水量 (g/kg)	400 hPa 冰晶比 含水量 (0.01 g/kg)	400 hPa 冰晶数浓度 (1/L)	500 hPa 总水凝物 比含水量 (g/kg)	500 hPa 冰晶比 含水量 (0.01 g/kg)	500 hPa 冰晶数浓度 (1/L)	云顶 温度 (K)
7.9	1~10	0.01~0.05	0.1~1.0	0.1~10.0	0.01~0.50	0.1~1.0	0.0	210~280
7.10	1~10	0.01~0.30	0.1~1.0	0.1~10.0	0.01~0.70	0.1~1.0	0.1~1.0	210~230
7.11	1~10	0.01~0.30	0.1~1.0	0.1~10.0	0.01~0.90	0.1~1.0	0.1~1.0	210~280
7.12	1~10	0.01~0.30	0.1~1.0	0.1~10.0	0.01~0.90	0.1~1.0	0.1~1.0	210~270
7.13	1~10	0.01~0.30	0.1~1.0	0.1~10.0	0.01~0.10	0.1~1.0	0.1~1.0	210~250
7.23	10~25	0.01~0.10	0.1~1.0	0.1~10.0	0.01~0.10	0.1~1.0	0.1~1.0	210~260
7.24	1~10	0.01~0.30	0.1~1.0	0.1~1.0	0.01~0.30	0.1~1.0	0.1~1.0	210~270
7.31	10~25	0.01~0.50	0.1~5.0	0.1~10.0	0.01~0.70	0.1~1.0	0.1~10.0	210~280
8.1	1~10	0.01~0.50	0.1~5.0	0.1~10.0	0.01~0.50	0.1~1.0	0.1~1.0	210~250
8.2	10~25	0.01~0.50	0.1~5.0	0.1~50.0	0.01~0.90	0.1~1.0	0.1~10.0	210~240
8.3	10~25	0.01~0.50	0.1~5.0	0.1~10.0	0.01~0.90	0.1~1.0	0.1~1.0	210~250
8.4	1~10	0.01~0.50	0.1~5.0	0.1~10.0	0.01~0.50	0.1~1.0	0.1~1.0	210~270
8.12	1~10	0.01~0.05	0.1~1.0	0.1~1.0	0.01~0.10	0.1~1.0	0.1~1.0	210~280

1.3.2 对流云模式的模拟研究

以中国科学院大气物理研究所发展的三维完全弹性双参数积云模式为基础,通过对实际对流降水个例的模拟,开展对流云降水物理过程和催化过程的云模式模拟研究,建立预报对流云人工增雨潜力的判断指标,开展云模式在人工增雨作业中的应用方法研究,开发可以用于指导区域人工增雨作业条件识别的准业务云模式预报系统。

1.3.2.1 三维积云模式简介

本研究所使用的三维双参数积云模式的动力框架采用完全弹性大气运动方程组进行积分,微物理过程参数化方案采用双参数粒子谱特征和体积水技术,模拟了液相和冰相质粒的比含水量和浓度时空分布。模式中考虑了 7 种水物质（水汽 v、云水 c、雨水 r、冰晶 i、雪 s、霰 g 和雹 h）的七大类共 46 个微物理过程，即凝结（华）(VD)、碰并（CL）、核化（NU）、繁生（P）、融化（ML）、融化蒸发（MVD）和自动转换（CN）过程，如图 1-5 所示，相转移方向由两个下标组合顺序来指示，第 1 个下标表示消耗相，第 2 个下标表示生成项或作用相，如有第 3 个下标，也表示生成相，在过程符号前加 H 表示该过程的比浓度变化率。在计算时，模式水平网格距 1000 m，垂直网格距 500 m，水平模拟范围 30×30 格点，垂直范围根据实际探空资料的 100 hPa 高度确定，模拟积云发展时间 60 min（王斌 等，2008）。

模式中暖云微物理过程主要包括水汽凝结形成云滴（VDvc）、雨滴通过重力碰并收集云水（CLcr）、云滴和雨滴在云外未饱和区的蒸发（VDcv、VDrv）；生成雨粒子的主要冰相过程为霰融化成雨水（MLgr）和雹融化为雨水（MLhr）；生成霰的微物理过程为雪自动转化为霰（CNsg）、霰撞冻雨水（CLrg）、霰撞冻冰晶（CLig）、霰撞冻云水（CLcg）、冰晶撞冻雨滴形成霰（CLrig）、雪撞冻雨滴形成霰（CLsrg）、霰的凝华增长（VDvg）、冰晶自动转化为霰（CNig）、过冷雨滴异质核化冻结形成霰（NUrg）、雨水在 −40 ℃匀质冻结形成霰（HNUrg）等；产生冰晶的微物理过程有自然冰核活化形成冰晶（NUvi）、冰晶的繁生过程（Pci）、冰晶撞冻过冷云滴（CLci）、冰晶凝华增长（VDvi）、云水匀质冻结形成冰晶（HNUci）。

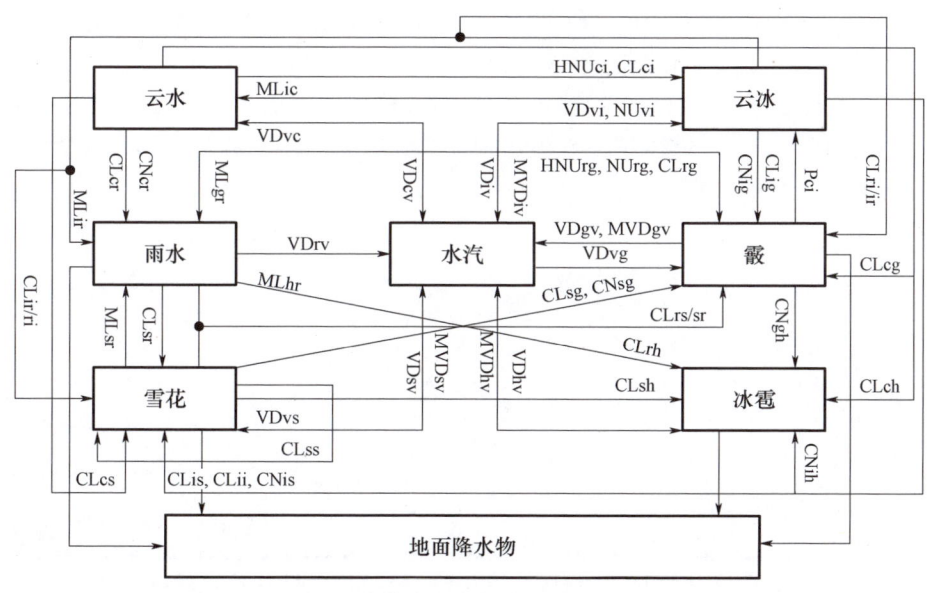

图 1-5　三维积云模式中所包含的微物理过程示意图

1.3.2.2　模拟试验个例

选用的试验个例为 2008 年 5 次过程，见表 1-5。这 5 次过程 24 h 自然降水量分别为 9.1 mm、19 mm、34.7 mm、17.9 mm、53.4 mm。

表 1-5 2008 年试验个例简介

编号	地点	日期	地面观测降水量（mm）
1	宜昌	6 月 6 日	9.1
2	十堰	6 月 12 日	19
3	十堰	7 月 4 日	34.7
4	宜昌	7 月 27 日	17.9
5	宜昌	8 月 2 日	53.4

1.3.2.3 模拟分析

1. 宏观特征分析

（1）自然降水宏观特征

如图 1-6 所示，除 7 月 27 日外的其他 4 次试验个例模拟的自然地面降水总量以及分钟最大降雨强度均为 6 月 6 日最小、6 月 12 日、7 月 4 日、8 月 2 日依次增大，与地面降水实况的差异一致，降水开始时间在 13~16 min 之间，峰值时间在 23~32 min 之间，6 月 12 日和 7 月 4 日还有第二峰值，时间均为第 48 分钟，第二峰值比第一峰值小很多。6 月 6 日降水开始时间在第 16 分钟，出现最晚，而最大峰值时间在第 23 分钟，出现最早，且降水总量最小，说明 6 月 6 日的对流云发展快，属于明显的小区域局地对流天气。5 次试验个例中，7 月 27 日模拟的地面降水量最大，分钟降水强度最大值出现在第 41 分钟，第二峰值出现在第 35 分钟，第二峰值与第一峰值相差很小，且大值维持时间较长。

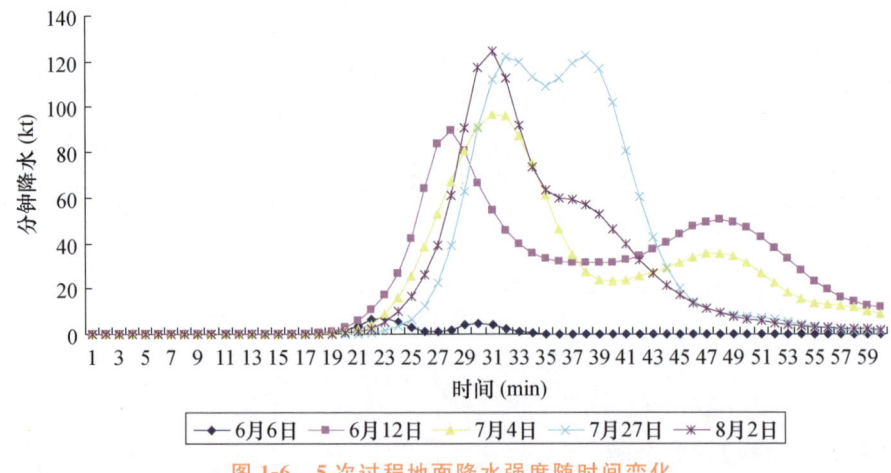

图 1-6 5 次过程地面降水强度随时间变化

由表 1-6 可见,模拟的 6 月 6 日和 7 月 27 日最大上升气流速度较大,分别为 44.5 m/s 和 48.3 m/s,且降雹量也较大。而另外 3 次试验的最大上升速度较小,除 8 月 2 日外,降雹量也较小。

表 1-6 模拟自然降水宏观特征

编号	时间	降水总量(kt)	单点最大降水量(mm)	最大上升速度(m/s)	降雹总量(kt)	平均降水效率(%)
1	6 月 6 日	63	1.9	44.5	180	0.63
2	6 月 12 日	1527	23.4	21.8	121	9.16
3	7 月 4 日	1421	27.5	16.5	10	18.36
4	7 月 27 日	1710	28.4	48.3	192	9.16
5	8 月 2 日	1333	37.3	34.1	271	12.22

根据王斌等(2008)对于对流云模拟结果分类的标准以及雷达观测,6 月 6 日和 7 月 27 日属于强对流,且 6 月 6 日属于小区域强对流,6 月 12 日、7 月 4 日和 8 月 2 日属于混合对流。

(2)催化宏观特征分析

由表 1-7 可以看出,催化后,地面降水和平均降雨效率均增加。降雹都有减少,6 月 12 日减少最多,减少了 67.8%,7 月 27 日减少了 63.5%,相应的增雨率也较高。最大上升速度有升有降。

表 1-7 2008 年 5 次试验催化云与自然云宏观量差值

编号	日期	降水总量增加(kt)	降雨强度增加(kt)	最大上升速度增加(m/s)	降雹总量减少率(%)	平均降水效率增加(%)	增雨率(%)
1	6 月 6 日	17	4.1	−2.5	7.2	0.26	27.60
2	6 月 12 日	108	0.0	2.1	67.8	1.34	6.80
3	7 月 4 日	27	1.5	0.0	10.0	0.65	1.90
4	7 月 27 日	64	35.0	2.2	63.5	0.33	3.70
5	8 月 2 日	26		−0.2	32.1	0.07	1.97

(3)增雨潜力宏观指标

由表 1-6、表 1-7 和图 1-7 可知:

①增雨率与单点最大降水量的关系:总体说来,单点最大降水量小,增雨率较大。模拟的 6 月 6 日自然降水单点最大降水量仅 1.88 mm,增雨率最大可以达到

27.6%,6月12日模拟的最大单点降水量23.41 mm,增雨率最大为6.8%,7月4日模拟的最大单点降水量27.5 mm,增雨率最大为1.9%,7月27日模拟的单点最大降水量28.4 mm,增雨率最大为3.7%,8月2日模拟的最大单点降水量37.31 mm,增雨率最大为1.97%。

②增雨率与最大上升速度的关系:一般说来,最大上升速度大,增雨率较大。6月6日最大上升速度为44.5 m/s,6月12日为21.82 m/s,7月4日为16.45 m/s,8月2日为34.06 m/s,7月27日为48.3 m/s,6月6日增雨率最大,7月4日增雨率最小。7月27日上升速度最大,而增雨率并不大,说明最大上升速度有相应的阈值范围,上升速度很大,也不利于人工增雨。

③增雨率与平均降雨效率的关系:平均降雨效率越小,增雨率越大。6月6日平均降雨效率为0.63%,6月12日为9.16%,7月4日为18.36%,7月27日为9.16%,8月2日为12.22%,增雨率从大到小依次为6月6日、6月12日和7月27日、8月2日、7月4日,对应关系非常明显。

④增雨率与降雹减少率的关系:模拟催化后降雹减少率大,增雨率较大。

⑤增雨潜力云模式宏观量指标:

单点最大降水量:1~30 mm;

最大上升速度:15~45 m/s;

平均降雨效率:0.5%~10%;

模拟降雹减少率:大于30%;

模拟增雨率:大于1%。

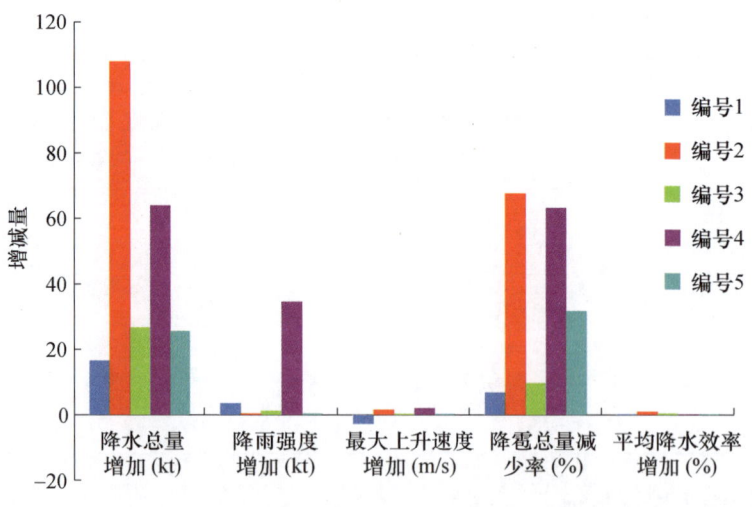

图1-7　2008年5次试验个例各宏观量的增减状况

2. 微观特征分析

对6月12日、7月4日、7月27日、8月2日4次过程进行了微物理分析。

(1) 自然降水微物理过程分析

① 总体特征

由表 1-8 可见，4 次试验中 6 月 12 日、7 月 27 日、8 月 2 日 3 次生成的降水粒子以冰晶最多，7 月 4 日以雨水最多。7 月 27 日冰晶、霰的生成在 4 次试验中均最多，7 月 4 日最少，可见 7 月 27 日降水云中冰相微物理过程活跃，对流是最强的，而 7 月 4 日对流最弱。这点从雷达回波上也可以看出。

表 1-8　4 次试验降水粒子生成总量(单位:kt)

编号	时间(年月日时)	Tr	Ti	Tg	Th	Ts
1	2008061220	2746	7150	1648/2098	415	573
2	2008070408	1954	1426	683/867	103	248
3	2008072708	4893	7793	2713/3150	729	394
4	2008080208	3350	4159	1603/1809	658	230

注：下标 r,i,g,h,s 分别对应为雨水、冰晶、霰、雹和雪

② 雨水生成

从表 1-9 可以看出，雨水生成主要来源于暖云过程的 CLcr(碰并云水形成雨水)和冷云过程的 MLgr(霰融化成雨水)、MLhr(雹融化为雨水)。其中雨滴通过碰并收集云水(CLcr)占生成雨水的比例分别为 37％、63％、45％、52％，霰融化雨水(MLgr)占 49％、27％、44％、32％，雹融化雨水(MLhr)占 10％、5％、9％、13％。6 月 12 日和 7 月 27 日冷云过程生成的雨水粒子多，而 7 月 4 日和 8 月 2 日暖云过程生成的雨水粒子多。

表 1-9　4 次试验雨水粒子生成微物理过程(单位:kt)

编号	时间(年月日时)	Tr	MLhr	MLgr	CLir	CLhr	CLgr	CLcr	Acr
1	2008061220	2746	278	1341	15.0	22	66	1008	13
2	2008070408	1954	93	528	1.3	15	77	1228	10
3	2008072708	4893	454	2143	0.0	16	31	2207	41
4	2008080208	3350	450	1086	0.0	17	25	1752	21

注：Tr 为雨水总量，MLhr 为雹融化雨水，MLgr 为霰融化雨水，CLir 为碰并冰晶形成雨水，CLhr 为碰并雹形成雨水，CLgr 为碰并霰形成雨水，CLcr 为碰并云水形成雨水，Acr 为云水自动转化雨水

从图 1-8 中可以看出，云水粒子一般在云发展初期生成，随后雨水粒子迅速生成，7～9 min 开始生成并迅速增长，在 12～18 min 达到最强，在这期间降水开始(13～15 min)落地，同时在这期间(11～19 min)，生成雨水粒子的冰相过程启动，其中 7 月 27 日 CLcr 过程开始时间、峰值时间、MLgr 开始时间均出现最早。地面降水分钟生成量随时间的变化趋势跟霰融化为雨水极为相似，且在起始时间、峰值时间、结束时间都是基本对应的。

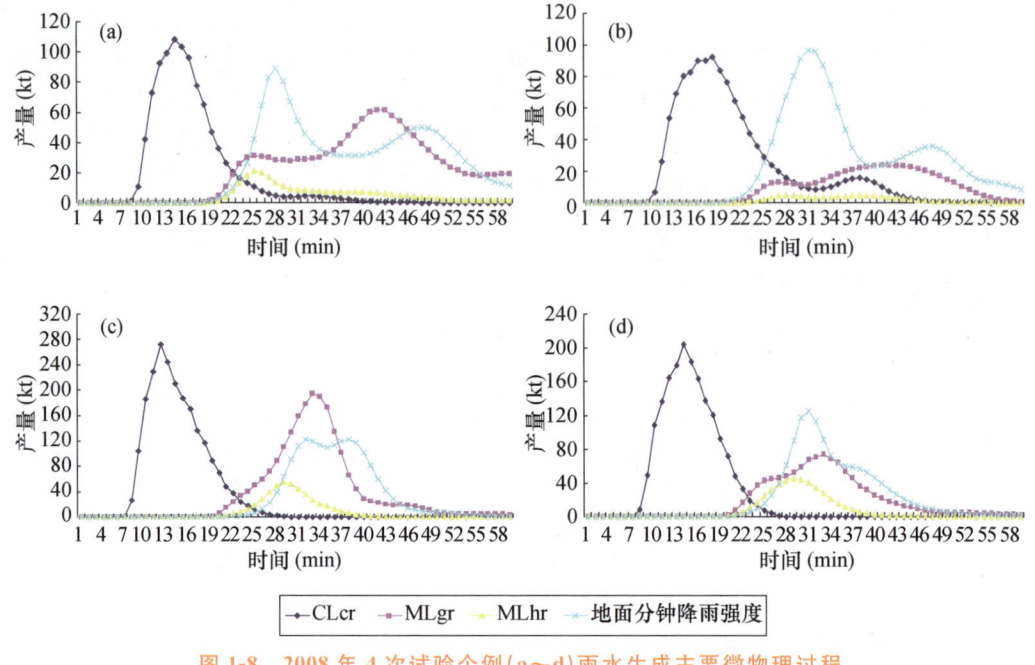

图 1-8 2008 年 4 次试验个例(a~d)雨水生成主要微物理过程

③冰晶

由表 1-10 可以看出,冰晶生成的主要过程均为冰晶凝华增长(Vdvi)和云水匀质冻结成冰晶(HNUci)。Vdvi 4 次试验中分别占 55.8％、71.2％、52.0％、47.0％,而 HNUci 占 38.0％、21.3％、43.9％ 和 45.2。冰晶在第 13、18、11、13 分钟(图 1-9)开始生成,峰值时间出现在第 29、33、18、21 分钟。6 月 12 日和 7 月 4 日为单峰,7 月 27 日和 8 月 2 日为双峰(多峰),说明对流较强。

表 1-10 2008 年 4 次试验冰晶生成项产量(单位:kt)

编号	Ti	NUvi	Pci	CLci	VDvi	HNUci
1	7150.00	396.00	4.00	41.00	3993.00	2716
2	1426.04	79.48	4.20	23.94	1015.18	303.24
3	7792.60	321.49	0.59	0.04	4052.18	3418.30
4	4158.82	323.44	0.35	0.04	1953.47	1881.52

注:Ti 为冰晶总量,NUvi 为自然核活化形成冰晶,Pci 为冰晶的繁生过程生成量,CLci 为冰晶撞冻过冷云滴生成量,VDvi 为冰晶凝华增长量,HNUci 为云水匀质冻结生成量

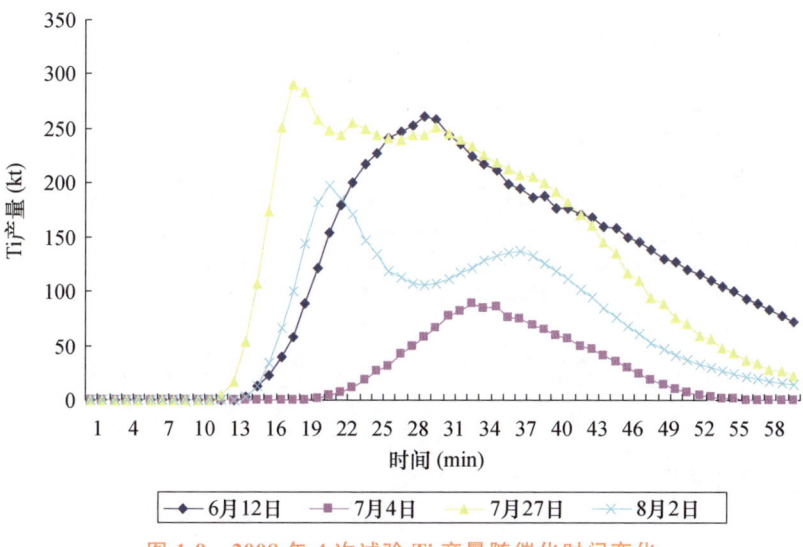

图 1-9　2008 年 4 次试验 Ti 产量随催化时间变化

④霰

由表 1-11 可见，霰生成主要由霰撞冻云水增长（CLcg）、霰撞冻冰晶（CLig）、冰晶撞冻雨滴形成霰（CLrig）、霰的凝华增长（VDvg）。4 次试验中 CLcg 最多的占 55％（试验 2），最少（试验 4）占 16％，CLig 最多（试验 2）的占 32％，最少（试验 4）的占 14％，CLrig 最多（试验 3）的占 37％，最少（试验 2）的占 7％，Vdvg 最多（试验 1）的占 26％，最少的占 12％（试验 4）。由图 1-10 可见，霰分别在第 12 分钟、16 分钟、10 分钟、12 分钟开始生成，在第 17 分钟、33 分钟、14 分钟、16 分钟时达到最大值。7 月 27 日值最大、变化最快，8 月 2 日变化也较快，6 月 12 日、7 月 4 日变化较慢，说明 7 月 27 日、8 月 2 日的对流较强。

表 1-11　4 次试验霰生成各项产量（单位：kt）

编号	Tg	CNsg	CLig	CLcg	CLrg	CLrig	CLsrg	VDvg
1	1648	44	518	634	304	145	7	431
2	683	20	216	377	47	23	2	173
3	2713	53	436	497	1	713	9	416
4	1603	9	218	257	761	359	4	200

注：Tg 为霰总量、CNsg 为雪自动转化为霰量、CLig 为霰撞冻冰晶生成量、CLcg 为霰撞冻云水生成量、CLrg 为霰冻撞雨水生成量、CLrig 为冰晶撞冻雨滴形成霰量、CLsrg 为雪撞冻雨滴形成霰量、VDvg 霰的凝华增长量

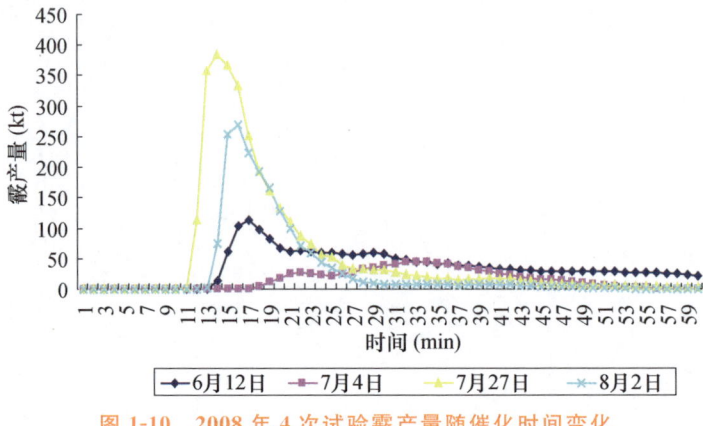

图 1-10　2008 年 4 次试验霰产量随催化时间变化

(2) 催化微物理响应试验分析

由表 1-12 可知，催化后，4 次试验冰晶、霰的总产量均增加，雹粒子产量除 7 月 4 日有少量增加外，其他 3 次试验均减少。霰融化为雨水、冰晶凝华增长、霰撞冻冰晶增长、冰晶撞冻雨滴形成霰产量在 4 次试验中均增加、霰的凝华增长也都增加。说明播撒的 AgI 粒子通过成核机制成为核化冰核，增加了冰晶的生成，促进了冰相物理过程的发展增强，使霰的产量增加，融化后生成更多的雨水粒子，最终增加了地面降雨，减少了冰雹的生成。

表 1-12　催化云与自然云微物理量的差值 (单位:kt)

微物理参量	1	2	3	4
增雨率(%)	6.8	1.9	3.7	1.97
雨水总产量增加	161	105	60	56
霰总产量增加	184	169	159	172
冰晶总产量增加	208	147	23	304
雹总产量增加值	−90	27	−291	−237
霰融化为雨水(MLgr)	291	64	419	318
冰晶凝华增长(Vdvi)	8	86	36	183
霰撞冻冰晶(CLig)	446	267	140	126
冰晶撞冻雨滴形成霰(CLrig)	47	1	290	240
霰凝华增长(VDvg)	85	1	146	68

(3) 增雨潜力微物理量指标

冰晶：冰晶产量高的增雨潜力大。

霰：霰粒子产量高的增雨潜力大。

由于微物理量与地面宏观量是对应的，所以在实际作业指挥应用时只需应用宏观物理量指标即可。

3. 增雨催化时机

从图 1-11 中可以看出,存在一个最佳催化时间窗,即 8～28 min 之间催化,增雨率都较高,在第 12 分钟前后催化增雨率最高,而地面降水开始时间是从第 13 分钟,因此,选择在地面降水开始前后,一般为对流云的暖云微物理过程发展最强、冷云微物理过程开始启动前后,催化效果较好。

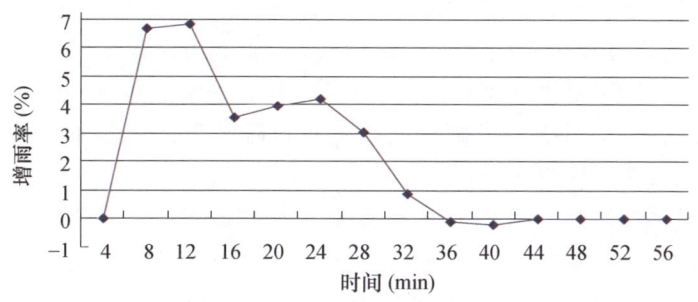

图 1-11　2008 年 6 月 12 日试验个例增雨率随催化时间变化

1.3.2.4　三维积云模式在增雨潜力预报中的应用

三维积云模式应用于人工增雨作业指挥的流程包括初始资料处理、自然对流云模拟、催化对流云模拟、催化参数确定(图 1-12)。应用湖北省 3 个探空站及陕西安康、河南南阳探空站共 5 个站资料分别启动云模式进行自然降水模拟计算、催化模拟计算,应用模拟结果预报增雨潜力。

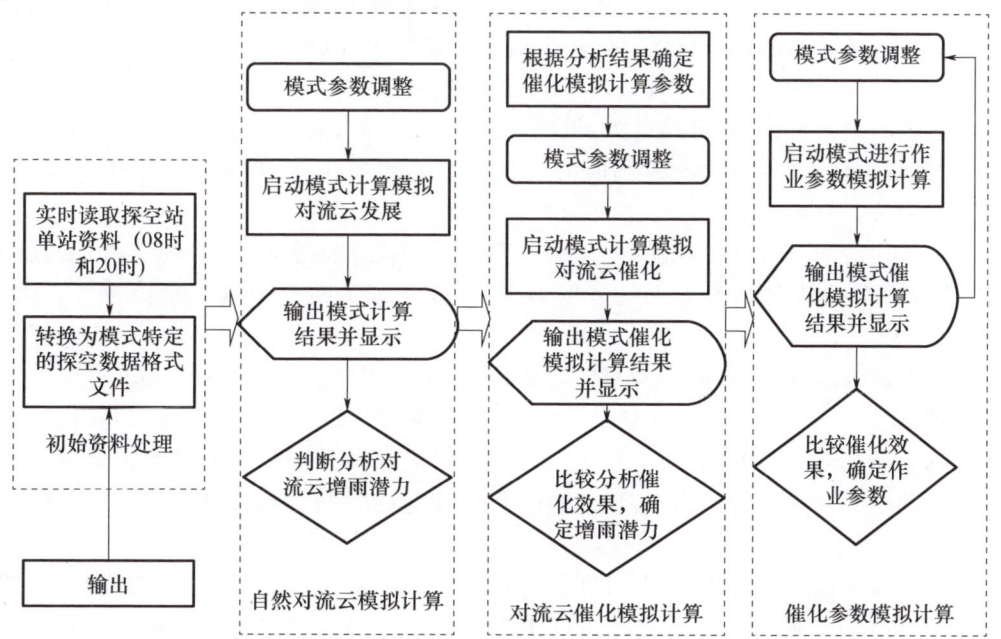

图 1-12　三维积云模式在人工增雨作业指挥中的应用流程

1.4 小结

通过以上分析,初步得到如下结论。

(1)季节上,7—9月为积云出现概率的峰值区,尤其在8月盛夏季节最大;11—次年5月,受高空槽、大陆高压等影响,积云出现频率明显偏低。空间上,鄂西南地区盛夏由于受到副热带高压外围天气系统的影响,加上山区地形的抬升作用,会产生大量的积云;江汉平原夏季受副热带高压的控制,天气晴热少云;鄂东虽然也处在副热带高压的控制之下,但受台风倒槽的影响和丘陵地形的影响下,时常有对流云出现,积云出现次数多于江汉平原。

(2)针对各类环流形势对湖北省对流天气的贡献率和降水特征统计发现,副高外围产生的对流性降水所占比例最大,接着依次为高原槽型、副高控制型、南支槽型、台风倒槽型、华北低槽型,高原涡型所占比例最小;湖北对流云降水率在各个天气系统中范围为3.51~4.96 mm/h,差别不大。

(3)单体活跃时期要先于成熟旺盛时期出现,且单体活跃期平均降水量要大于成熟旺盛时期。在对流单体活跃发展阶段进行催化作业可以取得较好的增雨效果。

(4)GRAPES模式得出的增雨作业条件指标为:

预报3 h降水为1~10 mm,400 hPa总水凝物含量≥0.01 g/kg,冰晶比含水量≥0.01 k/kg,冰晶数浓度≥0.1 个/L,500 hPa总水凝物含量≥0.01 g/kg,冰晶比含水量≥0.01 k/kg,冰晶数浓度≥1 个/L,云顶温度<−10 ℃。

(5)对流云模式模拟的对流云特征及催化响应为:

①强对流云特征:上升速度大,地面降雹量大,冰晶、霰的产量大,CLcr过程启动快、达到峰值快,冰晶分钟产量随时间变化曲线呈现多峰(或双峰),霰生成时间早、达到峰值快。

②催化潜力:自然降水效率为1%~10%、单点最大降水量为1~30 mm(尤其是1~10 mm效果明显)、最大上升速度为15~45 m/s的对流云催化潜力较大,适宜催化。

③对流云发展微物理特征:对流发展后,雨水粒子迅速生成,7~9 min开始生成并迅速增长,在12~18 min达到最强,在这期间降水开始(13~15 min)落地,同时在这期间(11~19 min),生成雨水粒子的冰相过程启动。地面降水分钟生成量随时间的变化趋势跟霰融化为雨水产量极为相似,且在起始时间、峰值时间、结束时间都是基本对应的。

④对流云催化云物理特征:催化后地面降雹一般都减少,冰晶一般都增加,说明播撒的AgI粒子通过成核机制成为核化冰核,增加了冰晶的生成,促进了冰相物理过程的发展增强,使霰的产量增加,融化后生成更多的雨水粒子,最终增加了地面降

雨,减少了冰雹的生成。

⑤催化时机:对流云催化存在一个最佳催化时间窗,即 8～28 min 催化,增雨率都较高,在第 12 分钟前后催化增雨率最高,即选择在地面降水开始前后,一般为对流云的暖云微物理过程发展最强、冷云微物理过程开始启动前后,催化效果较好。

第 2 章
对流云跟踪监测技术和精细结构特征分析

对流云跟踪监测技术是科学实施人工增雨作业的前提条件,是提高人工增雨成效的关键技术之一。由于对流云时空分布不均匀、演变剧烈且生消较快,因此利用多普勒雷达、FY(风云)卫星、MP3000A 地基微波辐射仪、激光雨滴谱仪等多源监测手段和技术方法来研究对流云跟踪监测关键技术显得尤为重要。再利用其技术和手段针对不同天气条件下的对流降水云系进行实时监测,获取反映作业条件判据的多项信息,实时识别和把握有利的作业时机和部位,同时,利用 Ka 波段云雷达对湖北省孤立对流云、簇状对流云和非线状对流云精细结构进行了监测和分析,并将各研究成果集成研制出对流云跟踪监测及效果分析系统,建立湖北省对流云人工增雨概念模型,科学选择作业目标云以及作业效果分析与检验,为实现高效催化、科学增雨的目的提供有力的技术支撑。

2.1 对流云跟踪监测技术的研究

2.1.1 技术路线

湖北省人工影响天气数据采集网由空基、空中、地基和地面四级观测网组成,其中,空基由 FY-2C/D、FY-4A 等系列卫星组成,空中由飞机携带 PMS 云粒子探测设备组成,地基由新一代多普勒雷达、Thies Clima 激光雨滴谱仪、MP3000A 微波辐射计、探空站等组成,地面由自动雨量站组成(图 2-1)。

通过数据采集网资料的应用解决了 FY 卫星、雷达、地基多通道微波辐射计、激光雨滴谱和地面雨量站等探测资料的不同适用性等问题(表 2-1),能够详细分析从对流云发生、发展到消亡等不同阶段宏微观参量的演变规律,建立湖北省对流云跟踪监测技术,可以连续跟踪监测对流单体整个生命史中单体的特征、面积、回波顶高和降水量等 11 个参数,以及这些参量随时间变化的规律,为湖北省对流云作业条件识别、科学选择作业目标云及作业效果分析与检验方面提供技术支撑。

第 2 章 对流云跟踪监测技术和精细结构特征分析

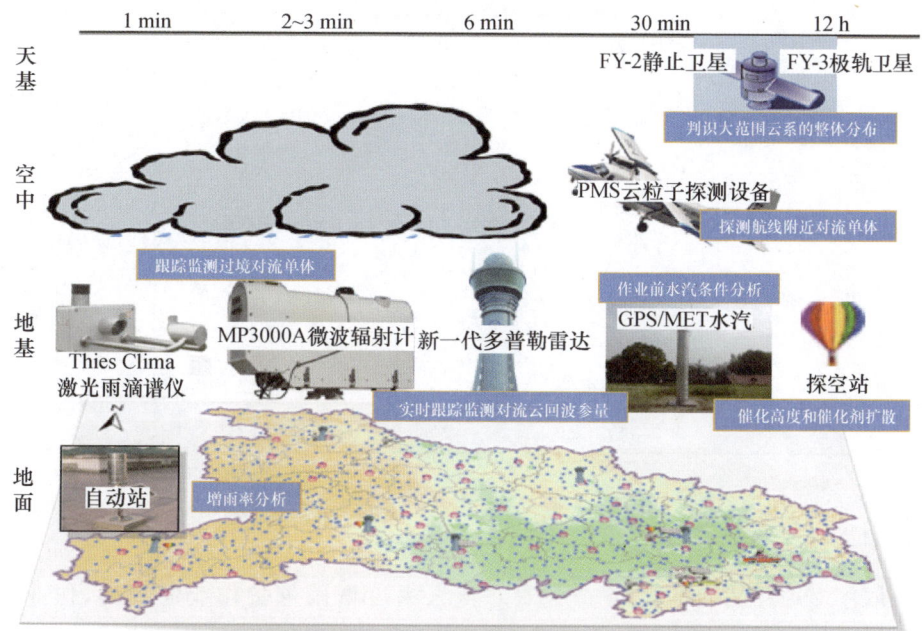

图 2-1　湖北省人工影响天气数据采集网示意图

表 2-1　各类探测资料的适用性

平台	设备名称	资料间隔	覆盖范围	探测参量	适用性
天基	FY-2 静止卫星	一般 0.5 h 一次	全省	云顶黑体亮温、云顶高度、有效粒子半径、液水路径、云层厚度等	判识大范围云系的整体分布
	FY-4A 静止卫星	全天共计进行 40 次全圆盘、56 次北半球观测	全省	多光谱、闪电、云宏微观参量	
空中	PMS 云粒子探测设备	飞机作业时探测	沿航迹	云滴谱分布、含水量、降水相态等	探测航线附近对流单体
地基	Thies Clima 激光雨滴谱仪	每 1 min 一次	探测点	雨滴谱分布、降水强度、粒子相态等	跟踪监测过境对流单体
	MP3000A 微波辐射计	2～3 min 一次	探测点	温度、相对湿度和液态水含量廓线等	跟踪监测过境对流单体

续表

平台	设备名称	资料间隔	覆盖范围	探测参数	适用性
地基	新一代多普勒雷达	每6 min一次	半径230 km,组网	回波强度、顶高、VIL、径向速度和谱宽等	实时跟踪监测对流云回波参数
	探空站	每12 h一次	探测点,组网	温压湿风廓线等	催化高度和催化剂扩散
	GPS/MET水汽	每0.5 h一次	探测点,组网	整层大气可降水量等	作业前水汽条件分析
地面	自动站	每1 min一次	探测点,组网	地面温度、压强、相对湿度、降水等	增雨率分析

2.1.2 典型个例

选取了2007—2018年24个针对对流云人工增雨催化作业的个例,作业个例信息如表2-2所示。其中,宜昌3次、十堰12次、黄石2次、咸宁1次、武汉3次、襄阳3次。同时,收集了2007—2011年在湖北西部恩施山区发生的9次强冰雹(冰雹直径≥20.0 mm)天气过程(表2-3)和7次湖北典型对流天气过程(表2-4)的多普勒雷达资料、雷电及自动站降水等常规资料,部分个例微波辐射计、FY-2D、FY-3A、FY-4A资料。

表2-2 对流云人工增雨催化作业个例信息表

编号	作业日期（年月日）	作业时间	作业类型	作业点	作业前天气状况	作业后天气状况
1	20070803	11:58	增雨	通城	/	/
2	20070803	14:03	增雨	阳新	强对流	阵雨
3	20070831	15:49	增雨	阳新	局地对流	阵雨
4	20080601	14:50	增雨、防雹	十堰大柳	对流云	中雨
5	20080601	17:45	增雨、防雹	十堰牌楼	对流云	阵雨
6	20080601	17:20	增雨、防雹	十堰楼台	对流云	雹云消失
7	20080601	17:10	增雨、防雹	十堰大庙	对流云	雹云消失
8	20080612	12:50	增雨、防雹	十堰双台	对流云	阵雨
9	20080612	14:20	增雨、防雹	十堰楼台	对流云	阵雨
10	20080612	12:47	增雨、防雹	十堰蒿坪河	对流云	阵雨
11	20080627	18:45	增雨、防雹	十堰蒿坪河	对流云	阵雨

续表

编号	作业日期（年月日）	作业时间	作业类型	作业点	作业前天气状况	作业后天气状况
12	20080704	15:57	增雨	十堰习家店	对流云	阵雨
13	20080704	16:25	增雨	十堰丁家店	对流云	阵雨
14	20080704	23:46	增雨	十堰习家店	对流云	强雷阵雨
15	20080711	17:30	增雨、防雹	十堰双台	对流云	雷阵雨
16	20080801	14:35	增雨、防雹	宜昌青山	旺盛对流	大雨
17	20080802	14:07	增雨、防雹	宜昌周坪（罗）	对流云	中到大雨
18	20080503	12:12	增雨、防雹	宜昌青山	雹云旺盛	雹云消失
19	20140929	00:06	增雨	蔡甸侏儒	对流云	大雨
20	20140929	00:11	增雨	东西湖府河围堤	对流云	大雨
21	20140929	01:20	增雨	江夏区安山街茅岭	对流云	大雨
22	20180726	15:05	增雨	襄阳老河口孟桥川	对流云	大到暴雨
23	20180726	16:27	增雨	襄阳宜城朱市	对流云	小到中雨
24	20180726	17:10	增雨	襄阳枣阳熊集	对流云	小雨转大雨

表2-3　2007—2011年湖北西部山区强冰雹天气过程统计

日期（年月日）	最大冰雹直径（mm）（出现时间）	起止时间	发生地点	主要使用资料
20070414	22.5(19:06)	18:42—19:12	建始等地	雷达等常规资料
20070503	25.0(04:45)	04:27—05:15	巴东等地	雷达等常规资料
20080512	30.0(16:57)	16:09—17:52	咸丰等地	雷达等常规资料
20080710	20.0(20:10)	20:10—21:10	利川等地	雷达等常规资料
20080711	27.5(15:37)	15:31—15:55	来凤等地	雷达等常规资料
20080727	20.0(13:30)	13:30—13:36	利川等地	雷达等常规资料、LAPS与对流云模式
	20.0(16:27)	16:27—17:21	巴东等地	雷达等常规资料、LAPS与对流云模式
20080728	20.0(16:11)	16:09—16:23	咸丰等地	雷达等常规资料、LAPS与对流云模式
20100412	30.0	9:18—9:22 11:29—11:30	咸宁	雷达等常规资料、微波辐射计
20110726	20.0	13:00—20:00	随州等地	雷达等常规资料、FY-3A

表 2-4 2010—2018 年湖北七次典型对流云天气过程统计

日期（年月日）	天气过程	起止时间	发生地点	主要使用资料
20100707	副高外围	13:00—22:00	鄂西南、江汉平原和鄂东南	雷达等常规资料
20110613	副高外围	09:22—22:00	鄂东	雷达等常规资料、雨滴谱资料
20110614	高原槽、低涡	00:00—19:00	鄂东	雷达等常规资料、雨滴谱资料
20110726	副高外围	14:00—21:00	鄂西北、鄂西南和江汉平原北部	雷达等常规资料、FY-2D
20120819	副高控制	17:00—00:00	鄂西南、江汉平原、鄂西北	雷达等常规资料
20120820	高原槽	00:00—05:00	鄂西北、鄂西南和江汉平原	雷达等常规资料
20180726	副高外围	14:00—18:00	鄂西北、鄂西南和江汉平原北部	雷达等常规资料、FY-4A

2.2 基于 FY 卫星的对流云跟踪监测

卫星资料在判识大范围云系的整体分布上有着明显优势，在天气预报、环境监测和人工影响中得到广泛的应用（陈英英 等，2007，2017；李德俊 等，2009），如云顶黑体亮温产品对识别云系垂直方向上的发展程度有重要的作用（陈英英 等，2013a）。基于 FY-2C/D 双星资料，可以实现连续监测、分析对流云云参数演变特征，而 FY-4A 静止气象卫星在国际上首次实现地球静止轨道的高光谱大气垂直探测，为对流云的识别、跟踪、监测提供了全新的技术手段。

2.2.1 基于 FY-2 静止卫星的对流云跟踪监测

以 2011 年 7 月 26 日为例（图 2-2、图 2-3、图 2-4、图 2-5），FY-2D 卫星监测的云顶黑体亮温以及反演的云顶温度、云顶高度、云过冷层厚度产品显示了湖北省及周边地区（28°—34°N，108°—117°E）午后对流云从初生、发展、成熟、减弱的演变过程。

2.2.1.1 云顶黑体亮温(TBB)

云顶黑体亮温(TBB)，即 11.25 μm 通道是识别云顶温度的重要通道，对于厚度超过几百米的低云和非常厚的高云，可以看成黑体，卫星测量辐射主要来自云顶表面，由此可以直接估算云顶温度（图 2-2）。

2.2.1.2 云顶温度(TTOP)

云顶温度是指云顶所在高度的温度，单位为 ℃，可用于进行人工增雨云系播云温度窗的选择（图 2-3）。

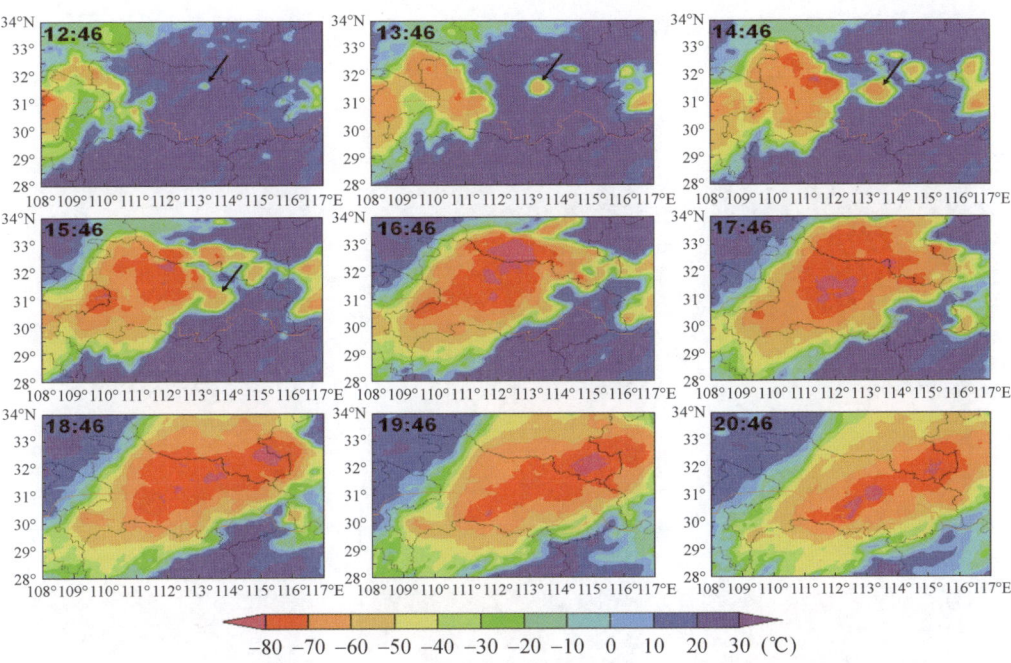

图 2-2 2011 年 7 月 26 日 9 个时次云顶黑体亮温的演变

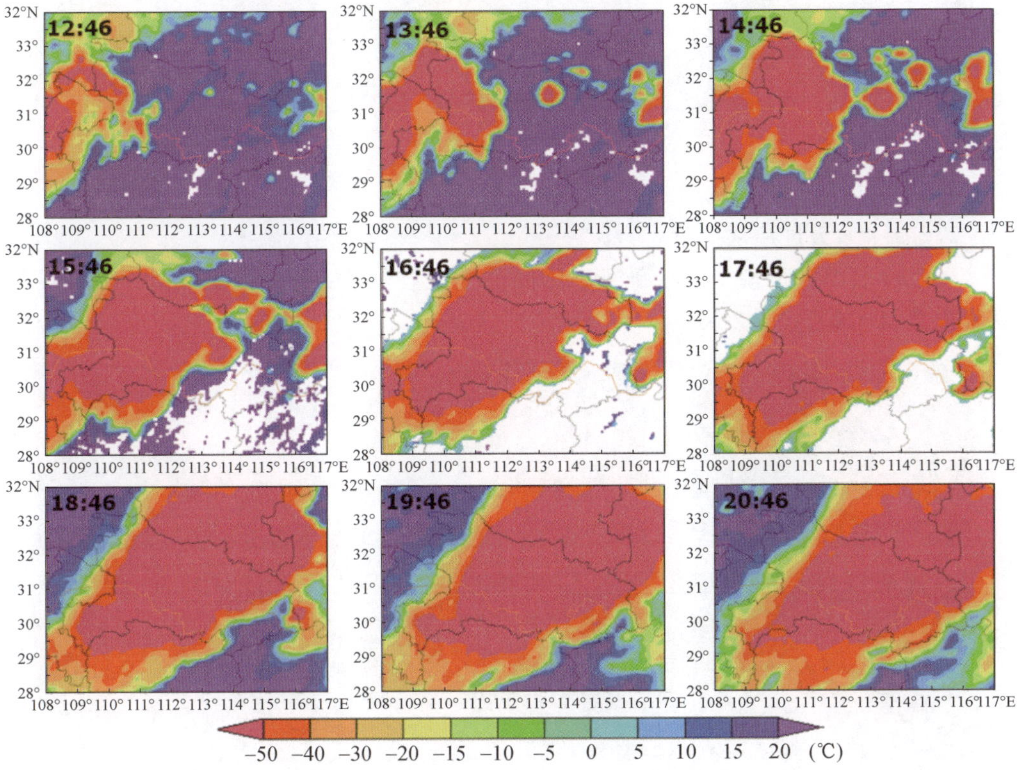

图 2-3 2011 年 7 月 26 日 9 个时次云顶温度的演变

2.2.1.3 云顶高度(ZTOP)

云顶高度是指云顶相对地面的距离,单位为千米(km),有助于了解云系的发展程度和演变趋势(图2-4)。

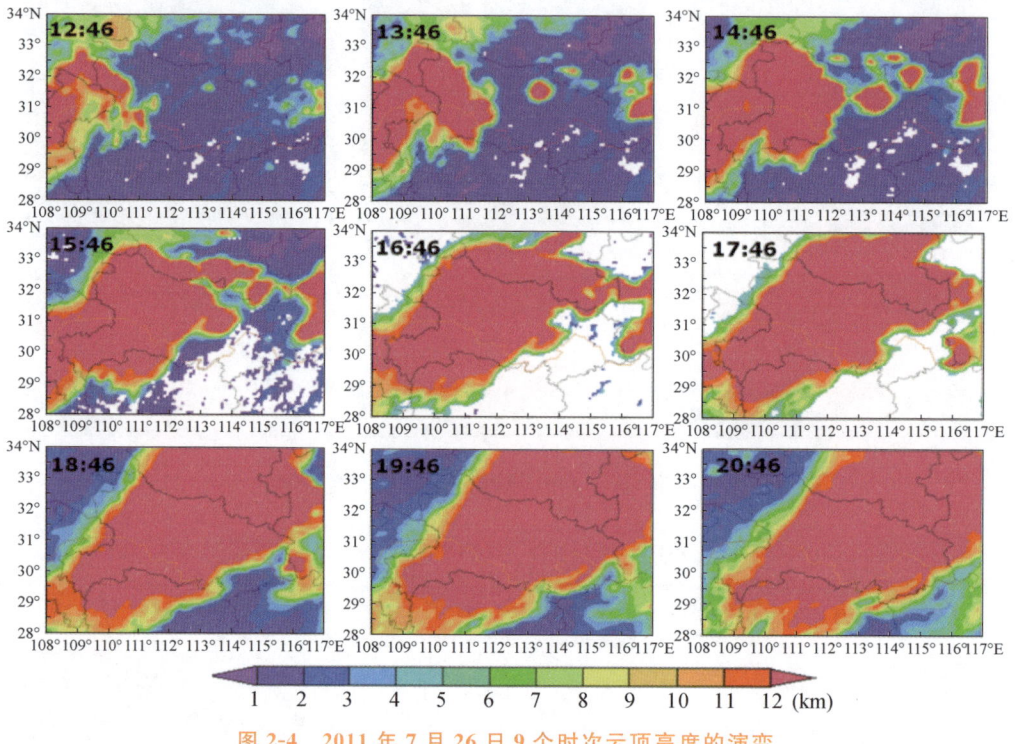

图2-4 2011年7月26日9个时次云顶高度的演变

2.2.1.4 云过冷层厚度(THICK)

云过冷层厚度是指0℃层到云顶之间的厚度,单位为千米。可用于了解云系冷暖云垂直结构配置(图2-5)。

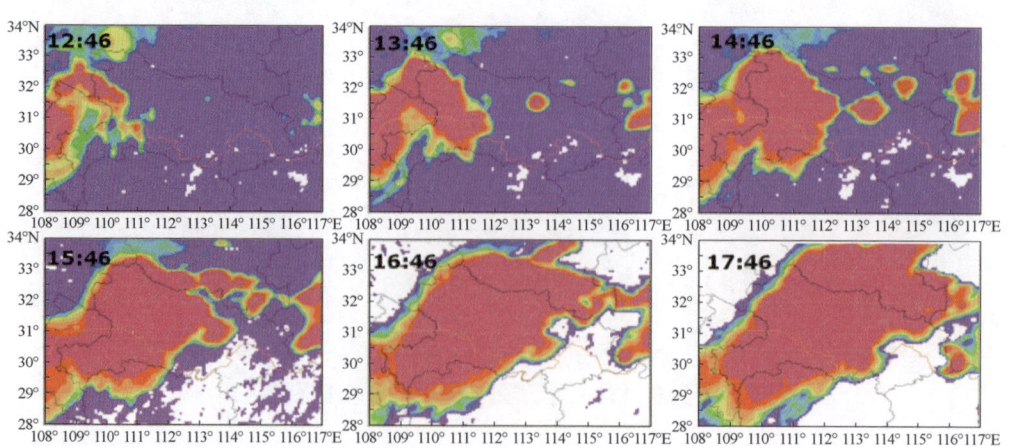

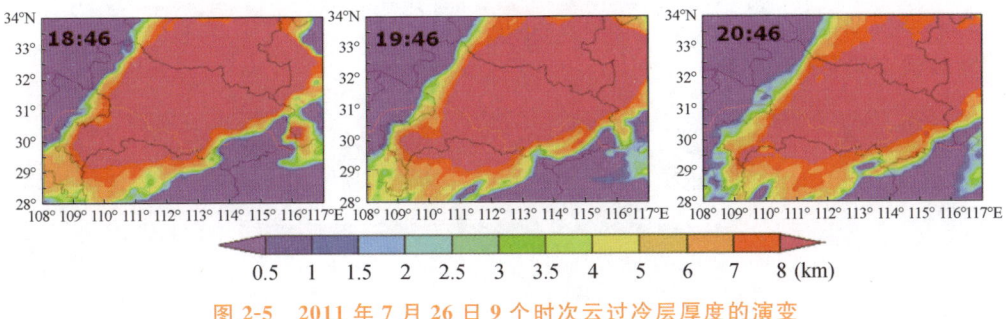

图 2-5　2011 年 7 月 26 日 9 个时次云过冷层厚度的演变

2.2.2　基于 FY-4 静止卫星的对流云跟踪监测

以 2018 年 7 月 26 日为例(图 2-6、图 2-7、图 2-8、图 2-9),FY-4A 卫星反演的云顶温度、云顶高度、云光学厚度、云相态产品监测显示了湖北省及周边地区(28°—34°N、108°—117°E)午后对流云初生、发展、成熟、减弱的演变过程。

2.2.2.1　云顶温度(CTT)

云顶温度可用于进行人工增雨云系播云温度窗的选择。图 2-6 给出了 7 月 26 日湖北及周边地区 10:00—18:00 云顶温度的演变,可以看出,10:00 湖北西部(重庆东北部)云顶温度低值区为 −50~−30 ℃,11:00—12:00 云顶温度低值范围变化不大,从 13:00 开始,该低值区域范围不断扩大并向东北方向延伸,且云顶温度进一步降低,15:00—16:00 极低值达到 −70 ℃,且冷云盖覆盖了湖北西部大部分地区。17:00—18:00 云体逐渐膨胀减弱。

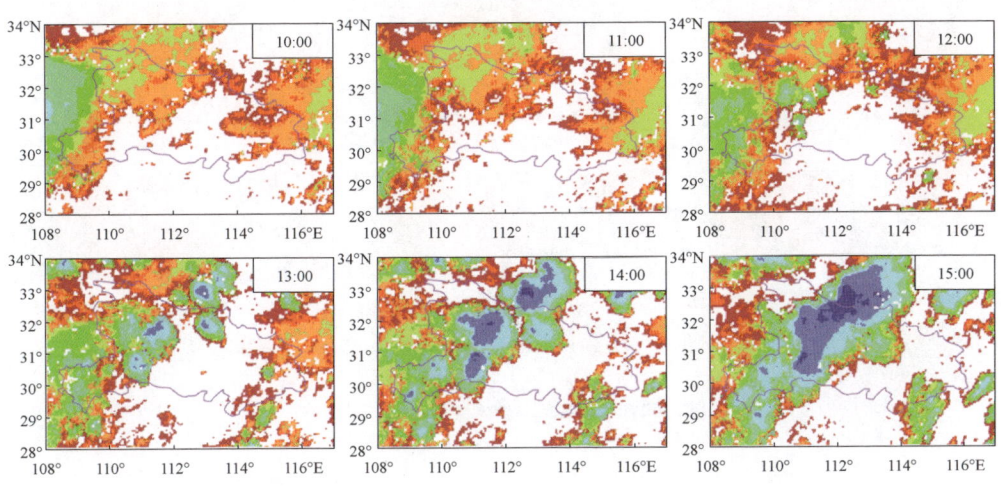

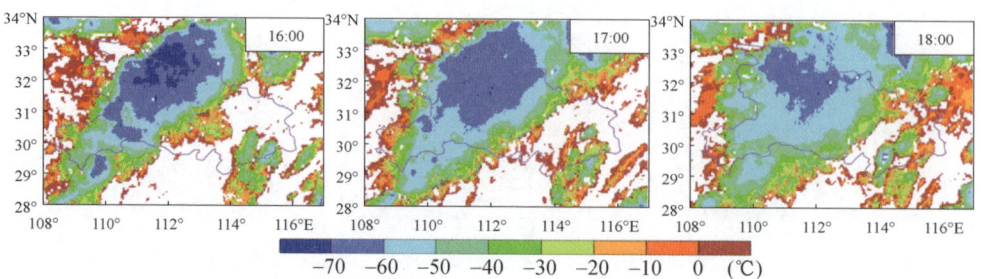

图 2-6　2018 年 7 月 26 日 9 个时次云顶温度的演变

2.2.2.2　云顶高度(CTH)

云顶高度有助于了解云系的发展程度和演变趋势。图 2-7 给出了湖北 7 月 26 日 10：00—18：00 云顶高度的演变过程，对流发生初始阶段，云顶高度为 12～14 km，与云顶温度类似，从 13：00 开始，云顶高度出现急速抬升，达到 14～16 km，15：00—16：00 发展最为旺盛，云顶高度升至 16 km 以上且范围不断扩大。16：00—17：00 云顶高度回落至 14～16 km。

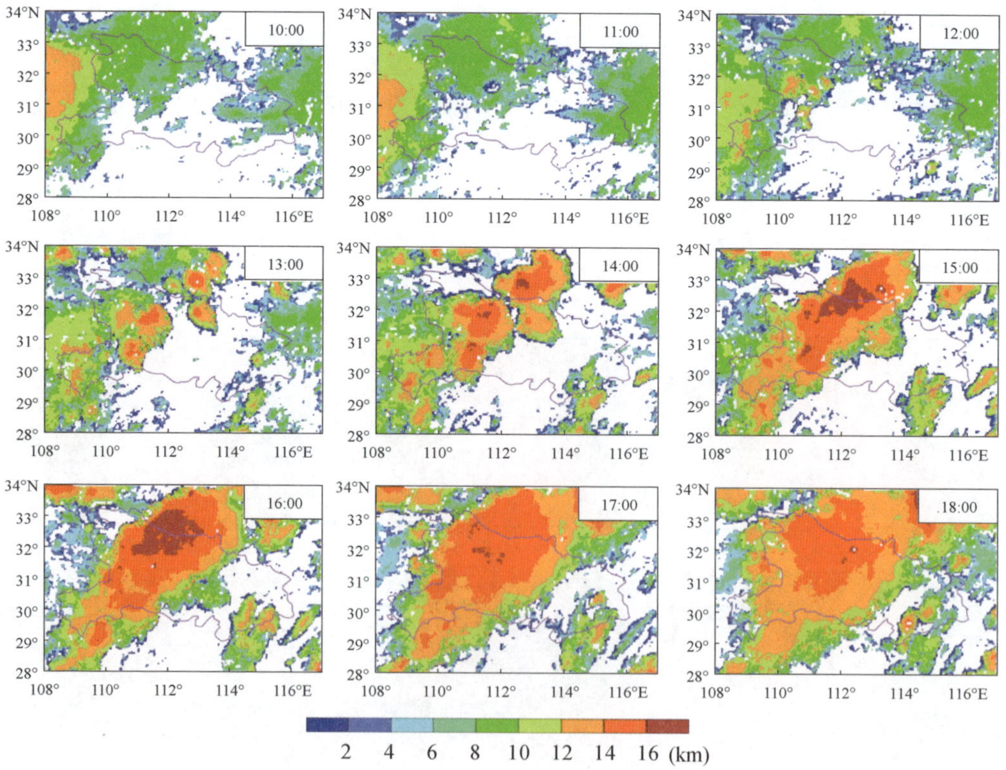

图 2-7　2018 年 7 月 26 日 9 个时次云顶高度的演变

2.2.2.3 云光学厚度(COT)

云光学厚度(无量纲)是反映云消光系数的物理量,对云中水成物含量具有指示作用。图 2-8 给出了湖北 7 月 26 日 10:00—17:00 云光学厚度的演变,湖北西部(重庆东北部)在 10:00 出现云水的聚集,光学厚度大小为 35~40,11:00—12:00 云水含量略有减少,从 13:00 开始,出现多个光学厚度高值中心,并在 14:00—16:00 合并发展,光学厚度最大值达到 40 以上,17:00 云光学厚度开始下降。由于云光学厚度产品是利用可见光通道反射率反演而来的,而 18:00 的太阳高度角过低,因此无相应的产品。

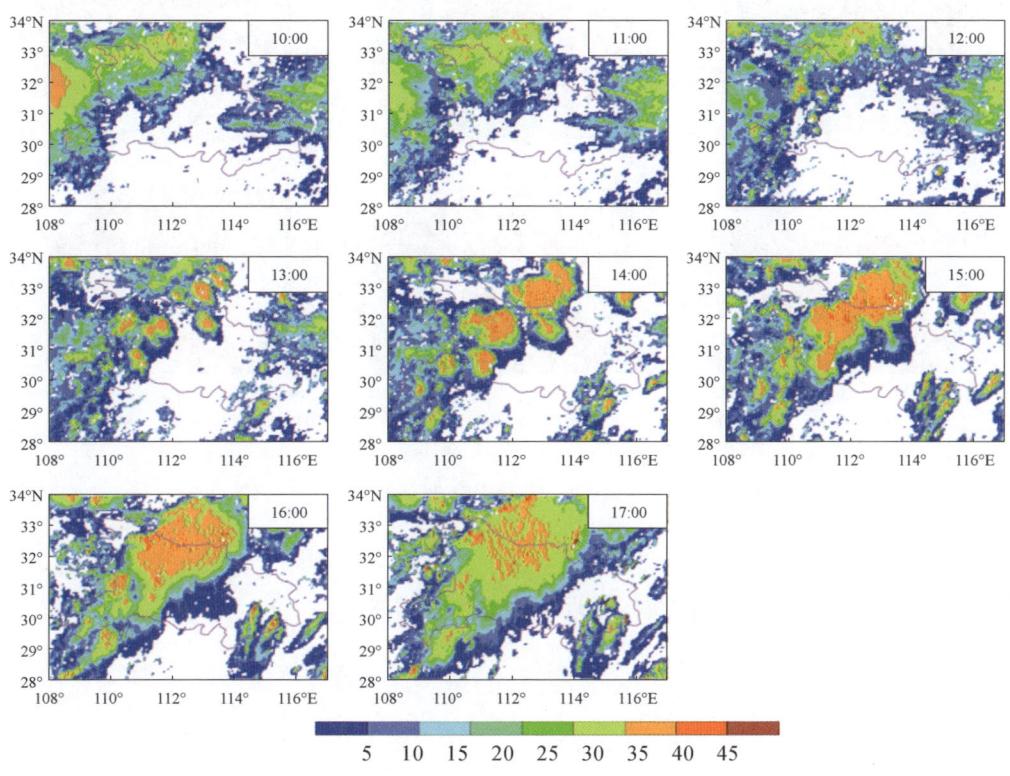

图 2-8 2018 年 7 月 26 日 8 个时次云光学厚度的演变

2.2.2.4 云相态(CLP)

主要的云相态有水云、过冷水云、混合云和冰云,对于人工影响天气催化剂类型的选取十分重要。图 2-9 给出了湖北 7 月 26 日 10:00—18:00 云相态的演变。可以看出,10:00 湖北区域云相态较为复杂,鄂西北以冰云和混合云为主,鄂西南是过冷云,江汉平原以水云为主,鄂东则以过冷云和混合云同时存在。随后,鄂西北的冰云开始减少并逐渐出现过冷云,鄂西南的过冷云也逐渐减少,江汉平原的水云向东南方向移动,鄂东开始出现水云。从 15:00 开始,鄂西云相态不确定性增强,只能在鄂东观察到水云和过冷云同时存在。

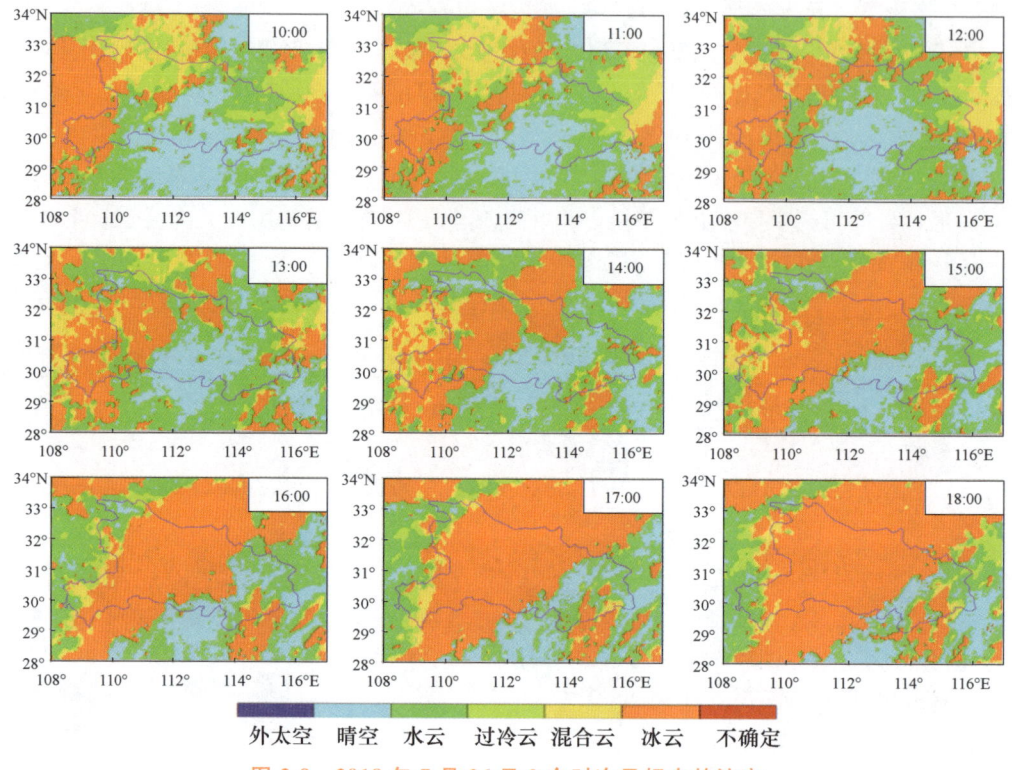

图 2-9　2018 年 7 月 26 日 9 个时次云相态的演变

2.3 基于多普勒雷达跟踪监测对流云

2.3.1 多普勒雷达简介

多普勒雷达数据每 6 min 更新一次，数据时次间隔比较均匀。根据风暴追踪信息产品记录该时刻对流单体的编号和位置等信息，得到当时已经生成的所有对流单体。依据编号向前回溯，可以找到各个单体生成的时刻；向后，则可以找到单体消亡的时刻。

通过该技术可以获取每个对流单体整个生命史期间的单体结构、面积（$Area$）、组合反射率（CR）、顶高（ET）、垂直积分液态水（VIL）、风暴底高（$Base$）、风暴顶高（Top）、风暴垂直积分液态水含量（$CBVIL$）、最大反射率因子（$MaxRef$）、最大反射率因子高度（H）和降水量（R）等 11 个参量（表 2-5），能实现实时监测分析和历史数据分析（李德俊 等，2010，2011，2012，2016b；唐仁茂 等，2010，2012b；袁正腾 等，2014）。

表 2-5 对流云参量一览表

监测参量	CR	ET	VIL	Area	MaxRef	Base	Top	CBVIL	H_{MaxRef}	单体结构	R
单位	dBz	km	kg/m²	km²	dBz	km	km	kg/m²	km		mm
实时监测分析	√	√	√	√	√	√	√	√	√	√	√
历史数据分析	√	√	√	√	√	√	√	√	√	√	√

下面列举了 2010 年 7 月 7 日在副高外围气流作用下跟踪监测最长生命史对流单体和 2014 年 9 月武汉一次对流云催化过程寻找目标云及跟踪监测情况。

2.3.2 2010 年 7 月 7 日在副高外围气流作用下跟踪监测最长生命史对流云

副高外围型是湖北产生对流性降水所占比例最大的天气形势,挑选了一个典型个例跟踪监测对流云(表 2-4 个例 1,20100707)。以下是此个例的对流云跟踪监测效果展示。

统计这次过程对流单体生成个数为 4454 个,对流单体生命史为 0~30 min、30~60 min 和 >60 min 的各占 57.9%、24.0% 和 18.1%,持续时间最长的对流单体 N4 达到 389 min(2010 年 7 月 7 日发生在恩施州南部,6 h 29 min),从图 2-10 可以看出对流单体在恩施州南部附近,图 2-11 显示了跟踪监测对流单体 N4 在整个生命史回波强度、VIL、强回波面积、回波顶高和单体演变特征。

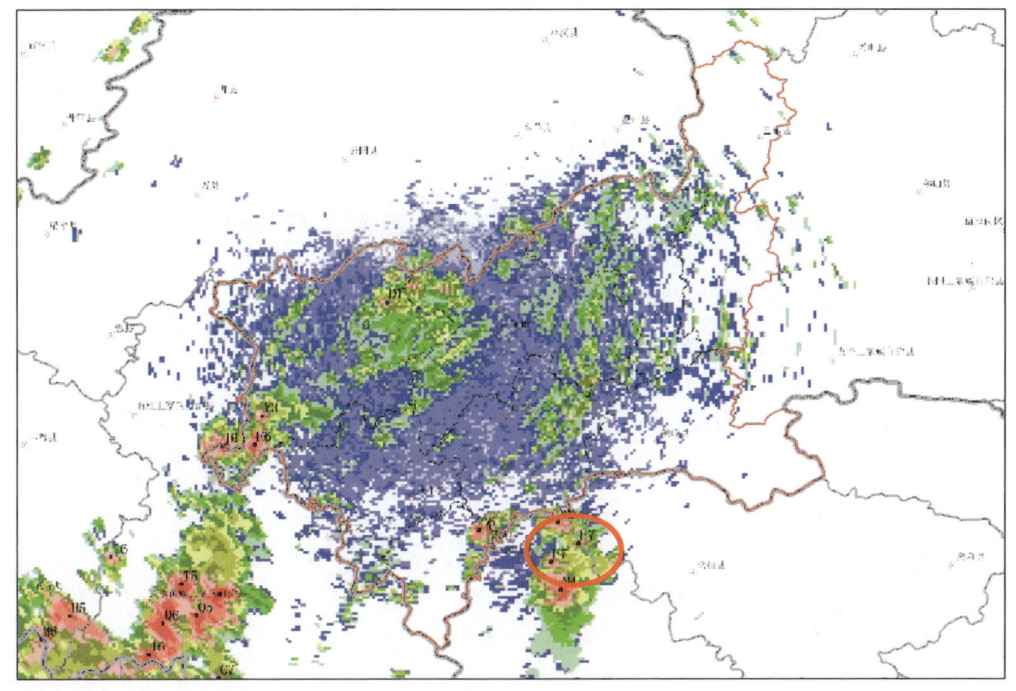

图 2-10 2010 年 7 月 7 日 20:43 恩施雷达监测各单体位置图(红色圈为对流单体 N4)

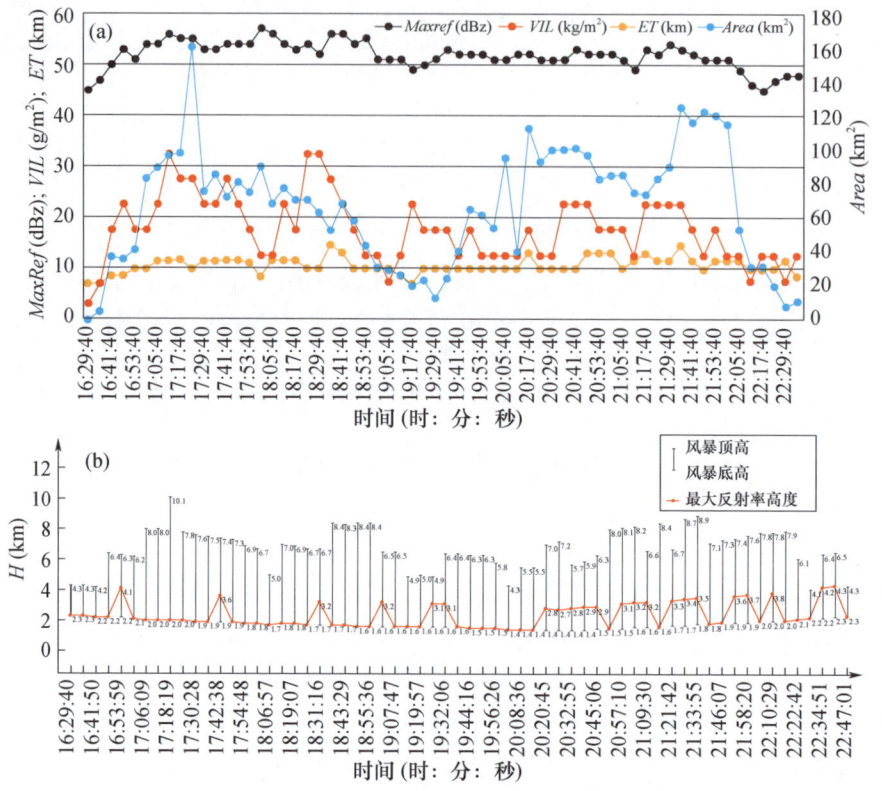

图 2-11 2010 年 7 月 7 日 N4 对流单体整个生命史期间
(16:29:40—22:47:01) 回波强度、VIL、强回波面积、
回波顶高(a)和单体演变特征(b)

2.3.3 2014 年 9 月 29 日一次火箭作业目标云与对比云跟踪监测

2.3.3.1 目标云与对比云选择

从图 2-12 和表 2-6 可见，各作业目标云与对比云路径跟踪监测表明，对比云均位于目标云上游区域，这些单体移动路径均为自西南向东北方向移动，横跨整个武汉市区。蔡甸侏儒作业点对目标云(或单体)F1 催化作业后，F1 单体逐渐向偏东方向移动，当移到武汉地面观测站附近时，9 月 29 日 00:32 与 B0 单体合并，继续向偏东方向移动，对比云 J0 位于 F1 单体西部，与 F1 平行向东移动。东西湖区府河围堤作业点目标云为 T0 单体与对比云 C1 刚开始平行向东移动，在 01:03 C1 向 T0 单体靠近，01:15 C1 与 T0 两条路径合并在一起，01:27 C1 消失在 T0 移过的路径上。江夏区安山街茅岭村作业点目标云 N4 与对比云 F3 在路径上也有交叉(李德俊 等，2016b)。

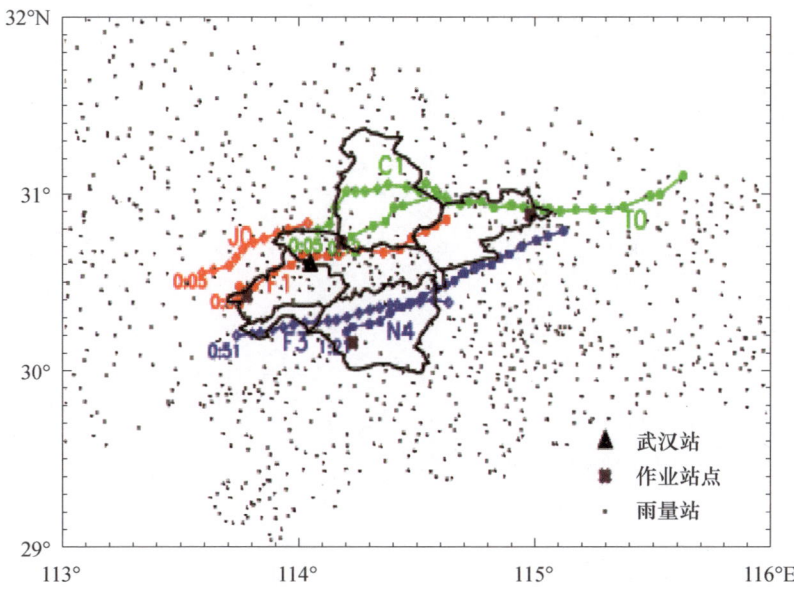

图 2-12 2014 年 9 月 29 日各作业目标云（F1、T0、N4）与对比云（J0、C1、F3）路径跟踪监测及作业站点、地面雨量站和雨滴谱仪位置

表 2-6 作业目标云与选定对比云的生消状况

序号	实验日期	作业时间	目标云			对比云		
			编号	生成时刻	消亡时刻	编号	生成时刻	消亡时刻
1	9月29日	00:06—00:08	F1	00:05	01:34	J0	00:05	01:03
2	9月29日	00:11—00:15	T0	00:12	02:41	C1	00:05	01:21
3	9月29日	01:20—01:23	N4	01:21	03:30	F3	00:51	02:47

2.3.3.2 催化目标云和对比云各物理参量跟踪对比监测分析

2014 年 9 月 29 日 00:06—00:08 在 1 号作业点对目标云 F1 发射火箭弹 3 枚，根据相似离度原理确定其周边 J0 单体为对比云，J0 位于 F1 北偏西方向。图 2-13 展示了催化目标云 F1 与对比云 J0 四个物理参量 Z_{max}（最大反射率）、ET、VIL 和 $Area$ 演变趋势，两对比单体出现的时间与 F1 相同，F1 在催化后四个物理参量均出现明显增长，Z_{max} 和 $Area$ 在催化作业后 12 min 左右达到最大值，催化后半小时内回波顶高和 VIL 也增大到峰值。对比来看，对于 F1 单体的催化作用是明显的，主要表现在于催化后单体四个物理参量均出现不同程度增长，在东移过程中易于其他单体合并且快速增强，生命史长于对比云半小时左右。

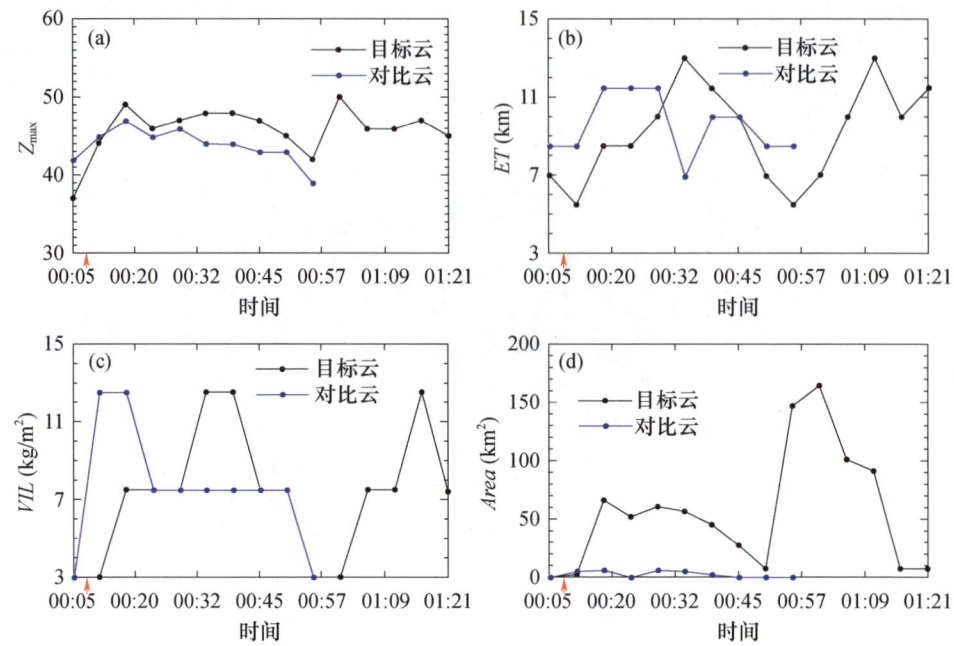

图 2-13 2014 年 9 月 29 日 00:05—01:21 催化目标云 F1 与对比云 J0 四个物理参量 Z_{max}(a)、ET(b)、VIL(c) 和 $Area$(d) 演变趋势(红色箭头为催化时刻,以下均同)

9 月 29 日 00:10—00:12 在 2 号作业点发射火箭弹 5 枚,确定其周边 T0 单体为催化目标云(图 2-12),C1 单体为对比云。图 2-14 展示了催化目标云(T0)与对比云(C1)四个物理参量 Z_{max}、ET、VIL 和 $Area$ 的演变趋势。T0 与对比单体 C1 晚出现 1 个体扫时间间隔,Z_{max} 变化趋势比较一致,在 40~55 dBz 之间波动起伏,但作业以后 ET、VIL 和 $Area$ 快速增长明显,很快达到峰值,然后在移动过程中呈现波动起伏变化。还发现,对比云 C1 生命史明显比 T0 短,C1 在 01:09 消亡,而 T0 持续到 02:41。这次催化作用是明显的,主要表现在 ET、VIL 和 $Area$ 快速增长明显,催化后生命史大大延长,长于对比云 72 min。

从图 2-15 可见,29 日 01:15—01:20 在 4 号作业点发射火箭弹 2 枚,确定其周边 N4 单体为催化目标云,F3 单体为对比云,F3 位于 N4 北偏西方向。图 2-15 分别展示了催化目标云 N4 与对比云 F3 四个物理参量 Z_{max}、ET、VIL 和 $Area$ 的演变趋势,两对比单体出现时间与 N4 不相同,F3 超前 30 min 生成,但生命史相差不大:N4 在 01:17—02:35 时间段内发展平缓,02:35—03:30 时间段内 Z_{max}、ET、VIL 和 $Area$ 呈现明显的增加趋势,而 F3 四个变量在 01:09—01:21 回波顶高呈增加趋势,随后快速减少,其他三个物理参量呈平缓变化趋势。对比来看,对于 N4 单体的催化作用是明显的,按上述分析火箭催化剂在扩散 60 min 时,线间浓度明显变大,达到 10^3 m^{-3};目标云得到了很好的催化,主要体现在催化后呈持续增长趋势,后劲十足。

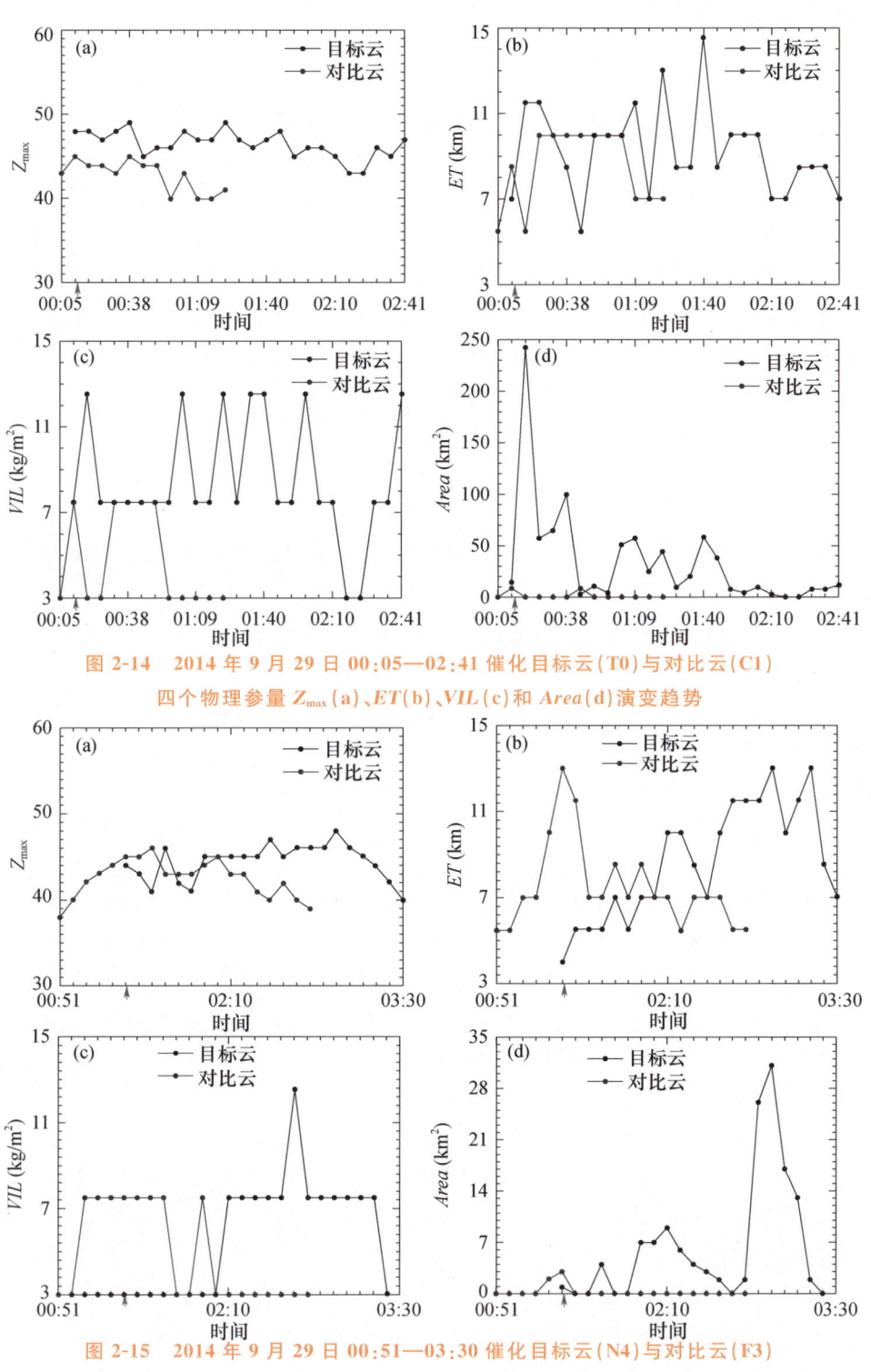

图 2-14　2014 年 9 月 29 日 00:05—02:41 催化目标云(T0)与对比云(C1)
四个物理参量 Z_{max}(a)、ET(b)、VIL(c)和 $Area$(d)演变趋势

图 2-15　2014 年 9 月 29 日 00:51—03:30 催化目标云(N4)与对比云(F3)
四个物理参量 Z_{max}(a)、ET(b)、VIL(c)和 $Area$(d)演变趋势

2.4 基于微波辐射计跟踪监测对流云

对流云发展演变迅速,结构复杂,与环境背景场和云内的微物理过程有着多重的相互作用,尤其是冰雹、雷雨大风等强对流天气。许多专家和学者通过大型综合计划项目、实验和数值模拟来了解冰雹形成机制以及描述冰雹云结构的物理模型,发现冰雹云等强对流风暴中常常出现冰态、液态和气态的三种相态并存现象。多通道微波辐射仪具有时间分辨率高、精度高和长时间无人值守工作等优点,能够连续监测冰雹等强对流天气过程中温度、湿度、液态水含量廓线及云水相变趋势(陈英英等,2015),从而可以及时了解一些冰雹云的微物理变化特征(唐仁茂 等,2012a)。

2.4.1 微波辐射计简介

微波辐射计是一种被动式的微波遥感仪器,它是利用大气本身自然辐射的微波信号而获取大气信息,而这些信息往往与大气本身的物理性质相联系。35 通道 MP3000A 微波辐射计探测高度从地面开始至 10 km 高空,探测的大气温度、相对湿度、水汽和液态水含量垂直廓线在 0~500 m、500 m~2 km 和 2~10 km 高度上分辨率分别为 50 m,100 m 和 250 m,共 58 个反演层,而且以间隔 2~3 min 准连续观测方式获取数据;后来使用纳米材料制作天线罩,配置鼓风机向天线罩表面吹气流等方法来减小雨水效应,在降水天气下反演得到的热力学廓线的准确度达到合理的程度,有利于分析强天气过程对流层快速变化的热力学信息、微小尺度(中尺度)现象的温湿度变化和云中水汽相态变化趋势。2008—2010 年分别在武汉、荆州和咸宁各安装了一台。

在实际业务工作中,利用 35 通道 MP3000A 微波辐射计探测到连续的温度、湿度和液态水含量等资料,可以弥补因常规探空、TRMM 搭载的探测仪器观测间隔较长和常规雷达探测局限性而导致获取大气信息的不足,有利于分析对流云天气过程对流层快速变化的热力学信息、微小尺度(中尺度)现象的温湿度变化和云中水汽相态变化趋势,在数值模式中使用微波辐射仪同化资料,连同获得从对流层低层到高层的风数据,也将大大有利于灾害性天气临近预报。

由于气温在 0 ℃以下 $e_s>e_i$,因此 e(水汽压)、e_s(液面饱和水汽压)和 e_i(冰面饱和水汽压)有 3 种可能的不等式,从而导致混合相态云中的三个演变方式:一是过冷水滴与冰粒子增长过程($e>e_s>e_i$);二是贝吉龙(Bergeron)过程($e_s>e>e_i$);三是过冷水滴与冰粒子消耗过程($e_s>e_i>e$)。按照上述 3 个演变方式确定对流云中水汽相变状态随时间演变特征,识别对流云中过冷水聚集区,判断对流云可播散性,识别可播撒部位。

下面基于微波辐射计以 2014 年 9 月 29 日武汉一次对流云天气过程和 2010 年 4 月 12 日咸宁一次强对流天气跟踪监测。

2.4.2 云中水汽相变过程反演方法

通过多年的科学研究和实况验证,李德俊等(2020)研发了基于地基微波辐射计反演云中水汽相变过程的方法和装置,方法包括:获取地基微波辐射计垂直探测目标区的实测数据,并完成数据一致性检查;然后利用实测数据和云阈值识别混合相态云区和计算出气压廓线;再利用实测数据结合计算出的气压廓线,计算出云中各个水汽压廓线;最后,利用水汽相变模型,反演云中水汽相变过程,技术路线见图2-16。该发明2020年获得国家发明专利授权,最大程度上弥补了目前双偏振雷达因信噪比低而难以准确识别粒子相态和卫星只能识别云顶相态的问题,能有效得出目标区混合相态云中水汽随时间和空间的一个相变过程,反映出云中水汽的固态、液态和气态之间平衡收支的动态变化趋势,特别适用于降水相态预测预报、分析云微物理演变特征以及确定人工增雨(防雹)播云部位和选择合适的作业时机。

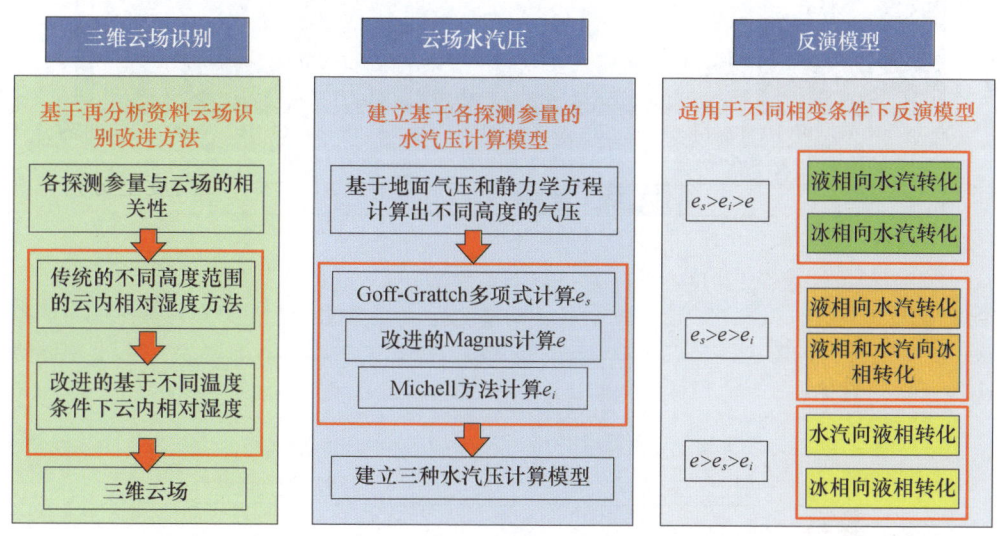

图2-16 基于地基微波辐射计反演云中水汽相变过程的技术路线图

2.4.3 2014年9月29日对流云跟踪监测

以2014年9月29日武汉市对流云人工增雨个例为例,显示微波辐射计的监测结果,如图2-17、图2-18所示。从微波辐射计各探测参量演变趋势可以看出,9月28日相对湿度达到90%以上区域从地面延伸至8 km高度处,此后一直维持至29日08:00。从液态水含量垂直廓线可以看到,催化后降水云团水汽密度从地面至8 km高度处维持0.9 g/m³的高值区。同样看到,整层水汽含量催化后快速上升到峰值然后波动,呈现多峰结构,催化时间段整层水汽最大为10.3 cm,整层液水含量在催化时段达到峰值为21.3 mm,然后呈现波动。

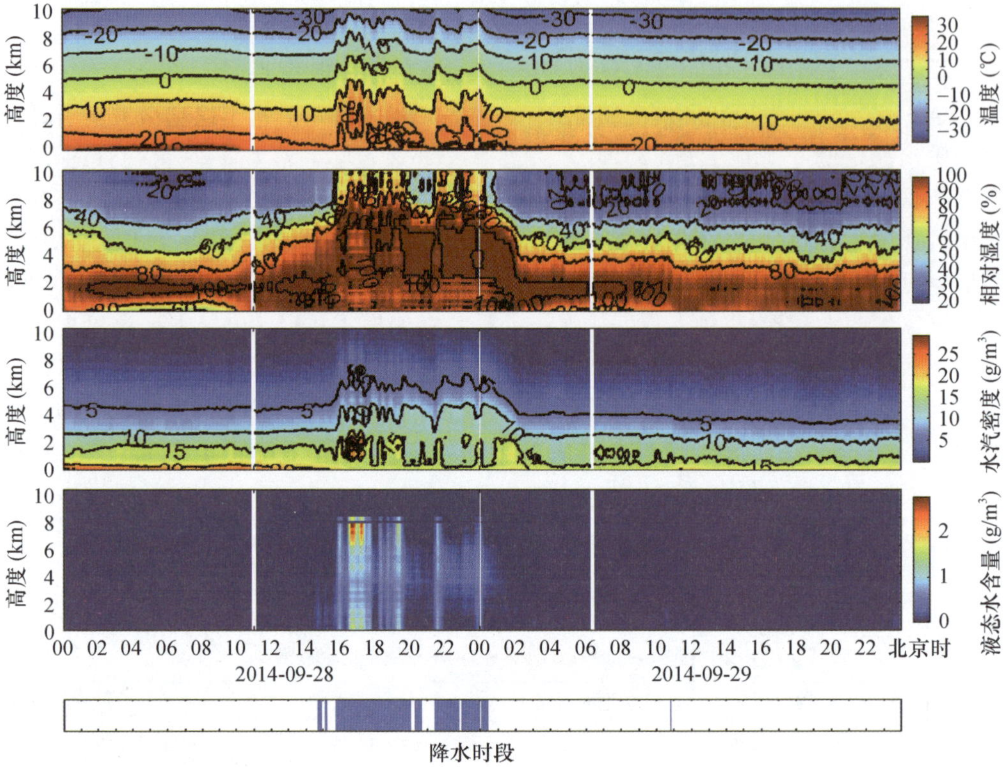

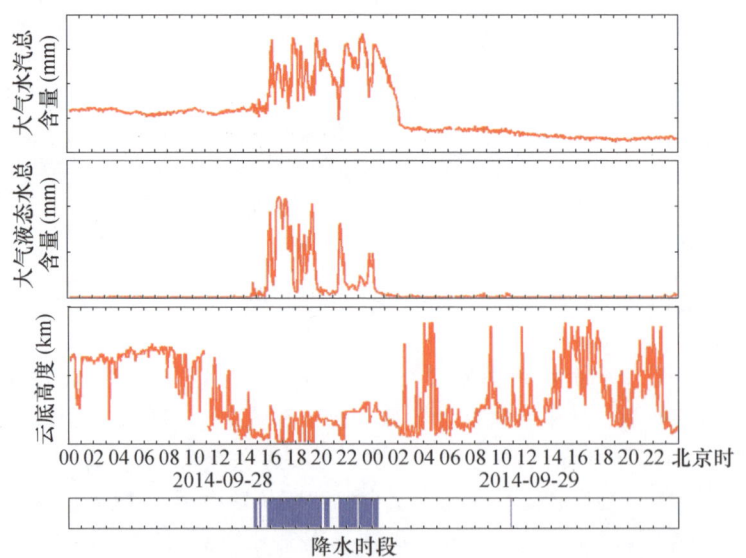

图 2-17 2014 年 9 月 28—29 日武汉微波辐射计反演大气温度、相对湿度、水汽密度、液水密度廓线

图 2-18 2014 年 9 月 28—29 日武汉微波辐射计反演大气水汽总含量、液态水总含量、云底高度的演变

2.4.4 2010年4月12日咸宁一次强对流云跟踪监测

2010年4月12日咸宁发生了冰雹、雷雨大风等强对流天气,在7:02—14:03期间,随着冷空气入侵地面气温呈显著下降趋势(图2-19a),地面相对湿度达100%,且维持高湿趋势(图2-19b),地面气压从1001 hPa上升到1012 hPa,呈持续上升趋势(图2-19c),云底红外温度呈急剧波动趋势(图2-19d),而降水呈时断时续趋势(图2-19e)。

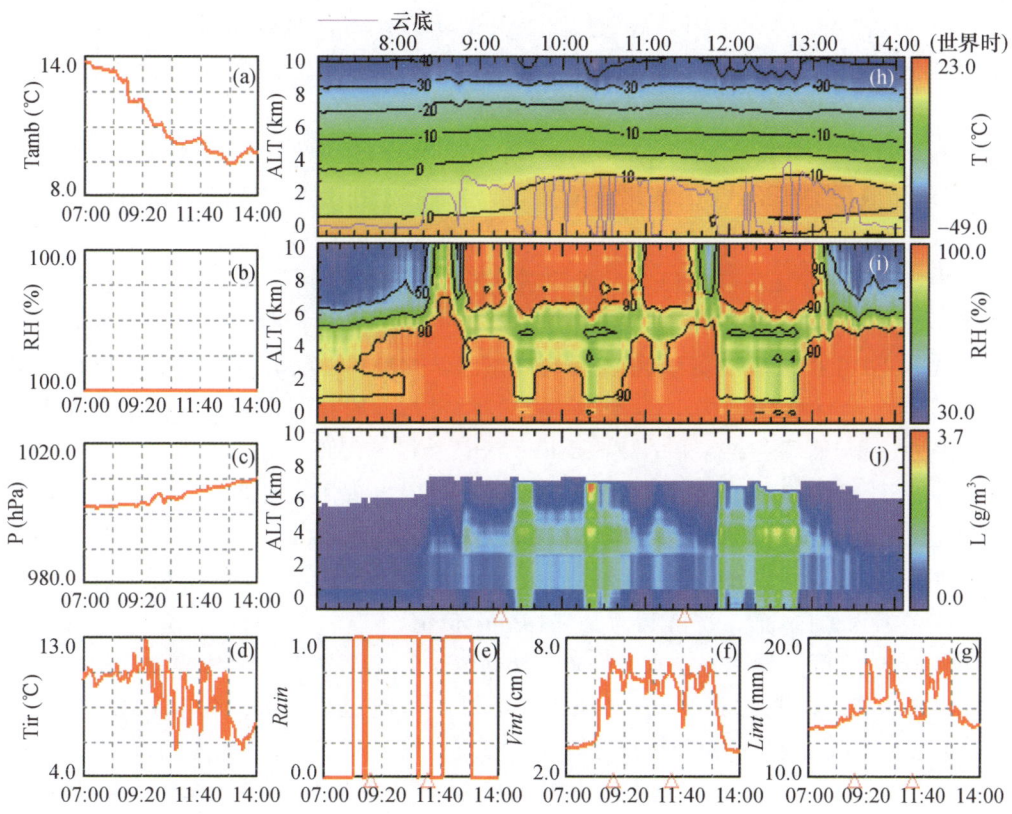

图2-19 2010年4月12日07:00—14:00咸宁微波辐射计观测数据,
(a)~(c)分别为地面温度、相对湿度和气压,
(d)~(g)分别为云底红外温度、雨水探测、整层水汽和液水含量,
(h)~(j)分别为温度、相对湿度和液水含量廓线(△为冰雹发生时刻,—为云底高度)

由图2-19f可见,整层水汽(V_{int})9:00达到最大,为72.5 mm,然后下降,9:28左右后降到最低,接着开始上升,到11:29开始降雹时经过3次波动,二次降雹时

V_{int} 均维持较高值,分别为 65.2 mm 和 58.8 mm,降雹后半小时内降到最低,接着上升。在图 2-19g 上,二次降雹时整层液态水(L_{int})处于低值,分别为 2.05 mm、2.90 mm,相当于当时整层水汽的 6.20%、2.93%,降雹结束后迅速上升,同时也注意到在二次降雹过程中,L_{int} 有一个快速减少过程,减幅为 12.7 mm/h(10:17 达到最大 18.16 mm,11:30 达到最小 2.90 mm)。后来通过比较整层水汽密度和液态水含量,发现它们二者也是多峰结构,但大致呈反向变化关系。由此产生了疑问:在降雹过程中,为什么整层水汽与液态水含量产生反向变化,且连续出现下降和上升过程,产生了多峰结构?从图 2-19 h 温度廓线上发现 8:40—13:40 共 5 h 左右云底高度呈现剧烈波动状态,说明雹云中上升气流较强将底层空气的感热和潜热向上输送导致等温线上抬,低层 2.0 km 以下有一个明显的增温过程,出现一个 10 ℃等值线的凸起,引起降雹时 0 ℃层、−5 ℃层、−20 ℃层略有上升,分别上升 0.6 km、0.6 km 和 0.5 km,达到了 2.2 km、5.1 km 和 7.2 km。上升气流将低层液态水带到过冷层,由于贝吉隆过程和冰晶增长过程消耗液态水,冰晶增多变大,而伴随低层的辐合 V_{int} 却相应增加,当冰晶增大到上升气流托不住而落入 0 ℃以上融化层时,冰晶融化增加液态水,有一部分形成冰雹或地面降水,导致整层水汽减少,但随着系统东移输送大量水汽过来得到补充,直到强对流天气过程结束而结束。

从图 2-19i 相对湿度廓线可以发现在 8:40—13:00 期间呈现出低层和高层高(≥90%)、2~6 km 中间层小(<90%)的三层结构,同时在二次降雹前有一个先上升后下降的过程,而降雹结束后在 2~6 km 高度上相对湿度呈明显下降趋势,特别是在 9:20—11:20、12:00—13:00 这两段时间中间层出现了一个低于 80% 的低值区,且低值区维持时间与图 2-19g 中 L_{int} 大值区维持时间大致相同。从图 2-19j 看出液态水含量在 9:20—13:00 这个时段内液水含量在 2.2~8 km 高度处出现 0.7~1.8 g/m³ 的大值区,而二次降雹时整层均处于低值。

从图 2-20 可以看出降雹前 07:30—08:40 这个时段 2.2~7.5 km 中高层首先出现连续的贝吉龙增长过程,接着出现连续的过冷水滴过程与冰晶增长过程,可以说这个阶段是两个过程大量冰晶和过冷水积累过程。08:40—13:00 这个时段强对流发展比较旺盛,2.2~10 km 垂直高度上大部分呈现贝吉龙冰晶凝华增长过程,但也可以看出大致分成了三段增长,具体表现为:2.2~5.4 km 是过冷水滴和冰粒子消耗过程,5.2~8 km 中高层主要以贝吉龙增长过程为主,过冷水滴与冰晶增长过程主要集中在 8~10 km 的高层,但中间也有连续的贝吉龙增长过程。也很清楚地看到,第一次降雹前 38 min 左右开始 2.2~8 km 冰雹云中固、液、汽混合相态变化非常复杂,特别是在 9:20—11:20、12:00—13:00 这两段时间在 6 km 以下产生了相对湿度低于 80% 的区域,从而有利于形成冰雹生长过程中交替干、湿增长的生长环境,也有利于冰雹粒子群快速累积以及分层增长。

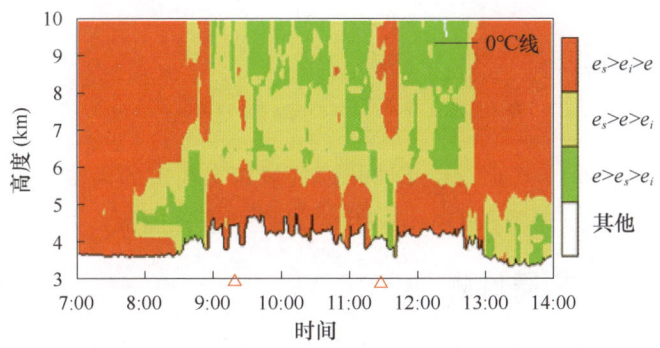

图 2-20　2010 年 4 月 12 日 07:00—14:00 咸宁微波辐射计观测数据水汽压分类演变图（△为冰雹发生时）

2.5　基于激光雨滴谱跟踪监测对流云

2.5.1　Thies Clima 激光雨滴谱仪简介

　　Thies Clima 激光雨滴谱仪是德国制造新一代、可靠、高性能精密探测降水粒子的仪器，其测量粒径范围 22 档为 0.16~8.0 mm，粒子速度范围 20 档为 0.2~20.0 m/s，测量降水强度范围为 0.005（毛毛雨）~250 mm/h（特大暴雨），而且以间隔 1 min 的连续观测方式监测下落中的毛毛雨、大雨、冰雹、雪花、雪球以及各种介于雪花和冰雹之间的各类降水（HMEI，2021），2009 年 10 月分别在湖北省十堰、丹江口、咸宁、赤壁和武汉各安装了一部。

2.5.2　研究方法

　　目前，阶距法估计谱分布参数被广泛地应用于雨滴谱方法的研究，其优点在于直接阐明 Gamma（伽马）分布参数 N、μ、λ 的物理关系，各阶距量与雨滴谱参数有一定的对应关系。第 n 阶距定义为：

$$M_n = \int_{D_{\min}}^{D_{\max}} D^n N(D) \mathrm{d}D \tag{2-1}$$

利用 Thies Clima 激光雨滴谱仪探测数据来计算空间数浓度 $N(D_i)$，质量加权平均直径 D_m、降雨（雪）粒子含水量 W、反射率因子 Z 和降雨（雪）强度 R，公式分别如下：

$$D_m = \frac{M_4}{M_3} \tag{2-2}$$

$$W = \frac{\pi}{6}\rho_w M_3 \tag{2-3}$$

$$Z = \sum_{i=1}^{22} N(D_i) D_i^6 \Delta D_i \tag{2-4}$$

$$R = \frac{6\pi}{10^4} \sum_{i=1}^{22} \sum_{j=1}^{20} V_j N(D_i) D_i^3 \Delta D_i \tag{2-5}$$

其中 ρ_w 为水汽密度,取 1.0 g/cm³;D_i(mm)代表第 i 档次的雨滴直径;V_j(m/s)代表第 j 档次雨滴的下落末速度;ΔD_i(mm)代表对应的直径间隔。

2.5.3 对流云跟踪监测

激光雨滴谱仪可以用来说明降水过程的一些特征,各类降水可以有不同类型的雨滴大小分布,分析其微物理结构特征,可以研究成雨机制,为人工增雨和数值模拟等提供科学依据,有着重要的实用价值。国内外许多专家先后利用各种雨滴谱仪多次进行了雨滴谱观测和研究,并取得了许多重要成果(李德俊 等,2012,2013,2014)。下面分别以 2011 年 6 月 13 日副高外围气流影响下和 6 月 14 日高原槽和西南涡共同影响下湖北赤壁与武汉两地雨滴谱特征进行对比分析。

2.5.3.1 两种天气系统影响下雨滴谱参量跟踪监测分析

在副高外围气流作用下两地主要是阵性对流降水(图 2-21),而在高原槽和西南涡共同影响下两地以连续性对流性降水为主,且在其影响下要远远高于副高的降水量(图 2-22)。

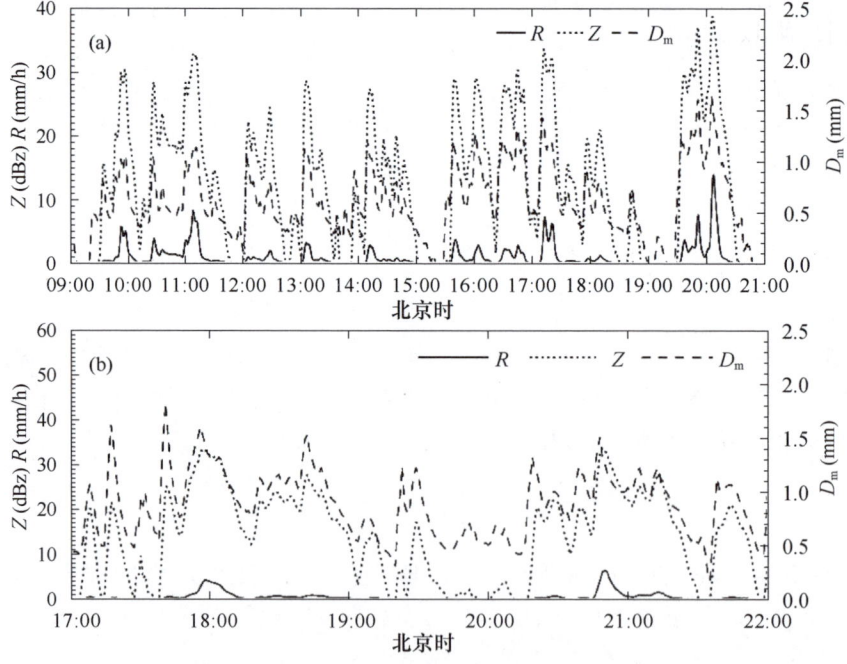

图 2-21 2011 年 6 月 13 日副高作用下质量加权平均直径 D_m、雨量 R 和雷达反射率因子随时间演变特征(a. 09:00—21:00 赤壁站;b. 17:00—22:00 武汉站)

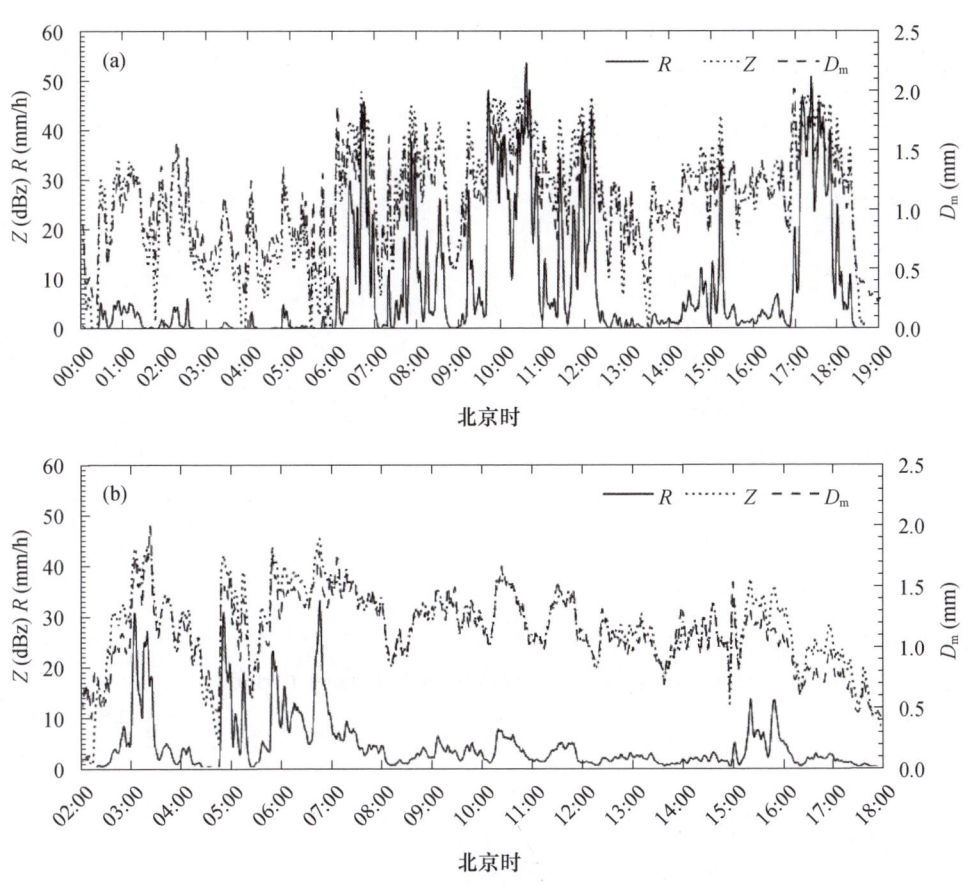

图 2-22 2011 年 6 月 14 日高原槽和西南涡作用下各参数随时间演变特征
(a. 00:00—19:00 赤壁站；b. 02:00—18:00 武汉站)

2.5.3.2 不同雨强下与滴谱分布特征跟踪监测分析

从图 2-23 可见在两个系统作用下相同之处,武汉和咸宁两地雨滴谱经历了先变宽再变窄的过程,随着降水活跃程度,雨滴谱呈现单、双峰结构交替变化,且随着雨强增大,雨滴谱变宽,各尺度档的粒子数浓度也相应增大,在较大滴端逐渐上抬；不同之处在于,在高原槽和西南涡作用下雨滴最大直径可达 6.0 mm,峰值数浓度一般为 $5.0×10^3 \sim 5.01×10^5$ $m^{-3}·mm^{-1}$,随着雨强增大,峰值直径也呈现逐渐增大趋势,第二个峰值直径由 0.5 mm 增加到 2 mm,且层云降水过渡到对流云降水时,雨滴直径和数浓度快速增加,谱型先由双峰变为单峰结构,然后再单双峰结构交替变化。而在副高作用下雨滴最大直径仅为 2.0 mm,数浓度要小于高原槽和西南涡的 1~2 个数量级。

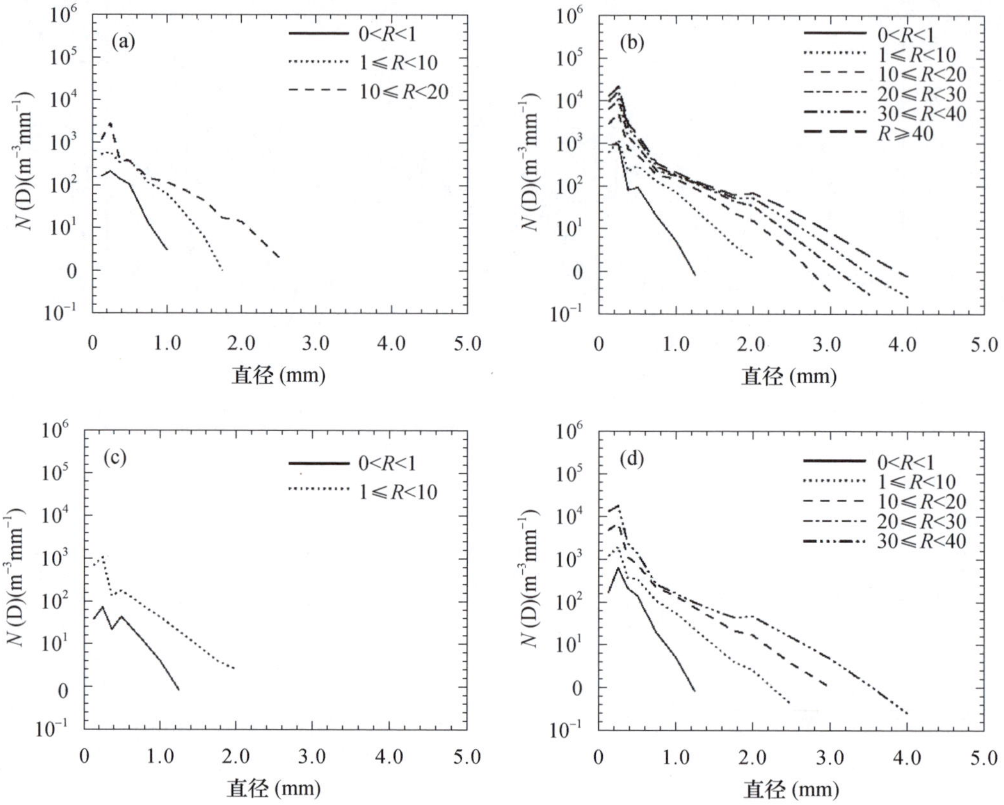

图 2-23　不同雨强下赤壁（a,b）和武汉（c,d）雨滴谱分布
（a 和 c 为副高外围气流作用下，b 和 d 为高原槽和西南涡作用下的雨滴谱）

2.6　对流云结构特征分析

2.6.1　全固态 Ka 波段测云仪简介

全固态 Ka 波段测云仪（以下简称"测云仪"），是一种全新的云观测设备，采用顶空垂直探测的工作方式，获取云顶高、云底高、云廓线结构、垂直速度等参数，实现云降水连续演变过程的探测。2018—2020 年放置一部云雷达在湖北襄阳地区观测，观测到多个不同结构的对流云个例，因该雷达具有较高的时空分辨率，所以可以利用该数据分析不同类型对流云的垂直结构，该云雷达技术性能指标见表 2-7。

表 2-7　全固态 Ka 波段测云仪技术性能指标

参数	指标
工作频率	Ka 波段,35 GHz±200 MHz
探测方式	固定垂直指向探测
探测量程	≥15 km
分辨率	高度:30 m,时间:1 min
天线直径	有效口径 1.6 m
发射机	
峰值功率	≥40 dBm
脉冲宽度	1/5/20 μs
脉冲重复频率	8000 Hz
接收机	
灵敏度	≤−100 dBz(5 MHz)
动态范围	≤80 dB
距离库长、库数	库长:30 m 及其倍数,库数:≥625 个
探测能力	−40 dBz~+40 dBz

2.6.2　对流云垂直结构特征

2.6.2.1　孤立对流云

典型孤立对流云个例出现在 2020 年 6 月 19 日清晨(图 2-24a),05:00 开始在 2~7 km 处出现分散的弱回波单体,05:50—06:30 云内回波主体横向呈柱状,总体发展较为旺盛,生消演变较快,回波强度从前到后依次加强,可以推断前面的云体为新生云体,处于初始阶段,06:10 左右从云中到地面的回波减弱并出现空窗,说明降水粒子从出云到落地过程中,可能通过蒸发和破碎等过程,粒子粒径和密度减小,进而导致了回波减弱。而后面的云体已经发展成熟,从云中到地面回波没有减弱,回波顶高接近 8 km,说明此时云系降水处于成熟期,降水粒子从出云到落地的过程中,粒径和密度可能并没有明显减少,所以回波并没有减弱。

从图 2-24b 中可以看出,孤立对流云降水粒子的垂直落速从云顶开始逐渐增加,回波主体部分的落速与回波强度分布相对应,高值区集中在 05:50—06:30 时间段,且出现窗口,最大落速接近为 10 m/s,同时可以看出粒子速度轨迹呈现倾斜式分布。在前人的研究中也存在类似结论,Black 等(2003)利用飞机探测资料分析对流结构时发现,在 12 km 高度云中降水粒子下落速度最大达到 13 m/s。Lerach 等(2009)利用北美季风试验(NAME,North American Monsoon Experiment)获取的雷达数据分析对流云垂直结构时发现,对流云降水粒子下落速度范围为 3～10 m/s,同时发现速度轨迹往往呈现倾斜式分布。Heymsfield 等(2010)利用机载雷达分析对流云垂直结构时发现,云中降水粒子最大下落速度位于 5 km 高度处,最大下落速度达到 13 m/s。用调频连续波雷达观测的对流云粒子最大下落速度与 Black 等(2003)和 Heymsfield 等(2010)观测结果相近,而粒子速度轨迹呈倾斜式分布与 Lerach 等(2009)研究结果一致。

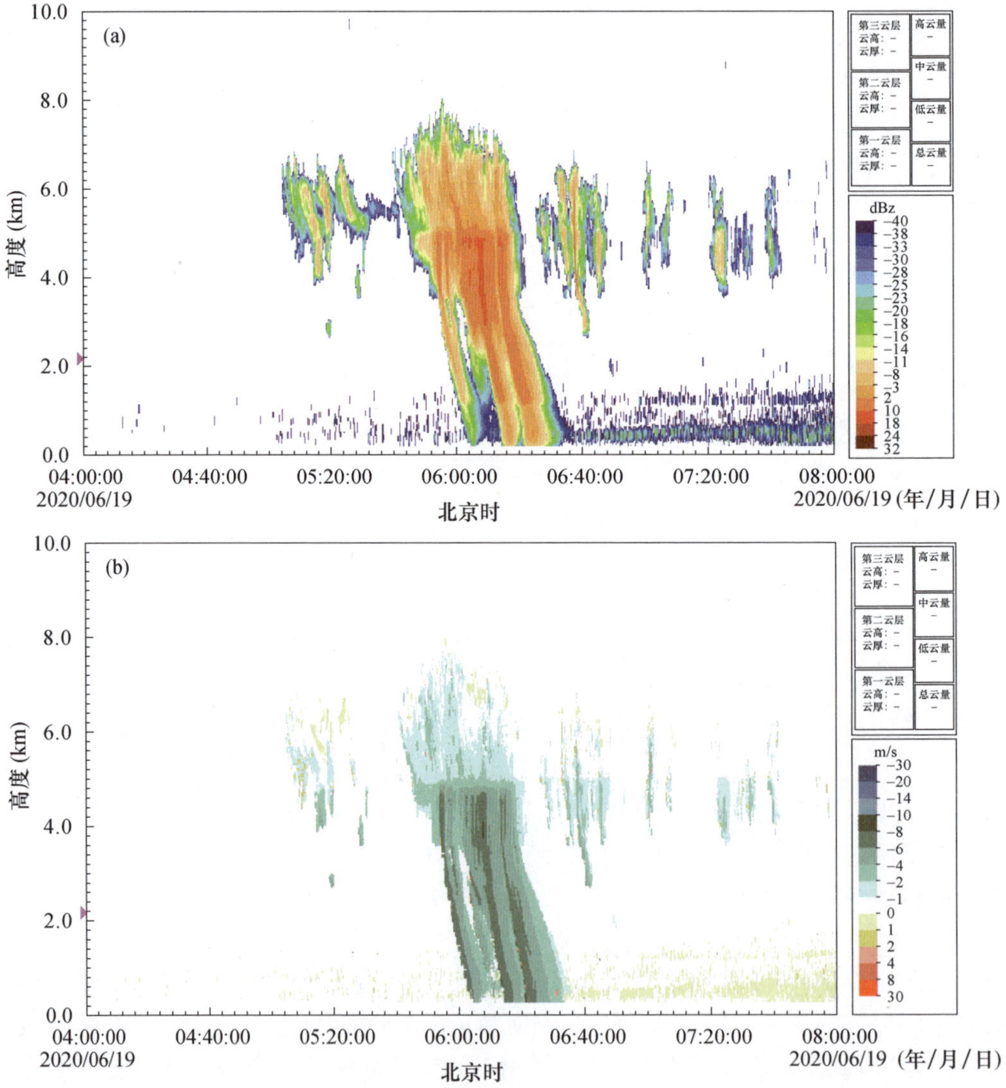

图 2-24　孤立对流云连续波雷达反射率(a)和降水粒子下落速度(b)

2.6.2.2 簇状对流云

簇状对流云是多个对流单体成簇状同时出现的对流系统,观测到的典型簇状对流发生时间为 2020 年 7 月 13 日 00:10—10:20,多个对流单体移过 Ka 波段测云仪上空(图 2-25),不同回波强度对流云同时存在,整个簇状对流云系统整体偏弱且较为分散,05:00 回波顶高的峰值达到 10 km,其余回波顶高基本处于 6 km 以下。簇状对流云降水粒子落速随着高度的降低,速度逐渐增加,但云体下部的主要落速集中在 2~8 m/s 之间,最大下落速度出现在 05:00 前后,约为 10 m/s。

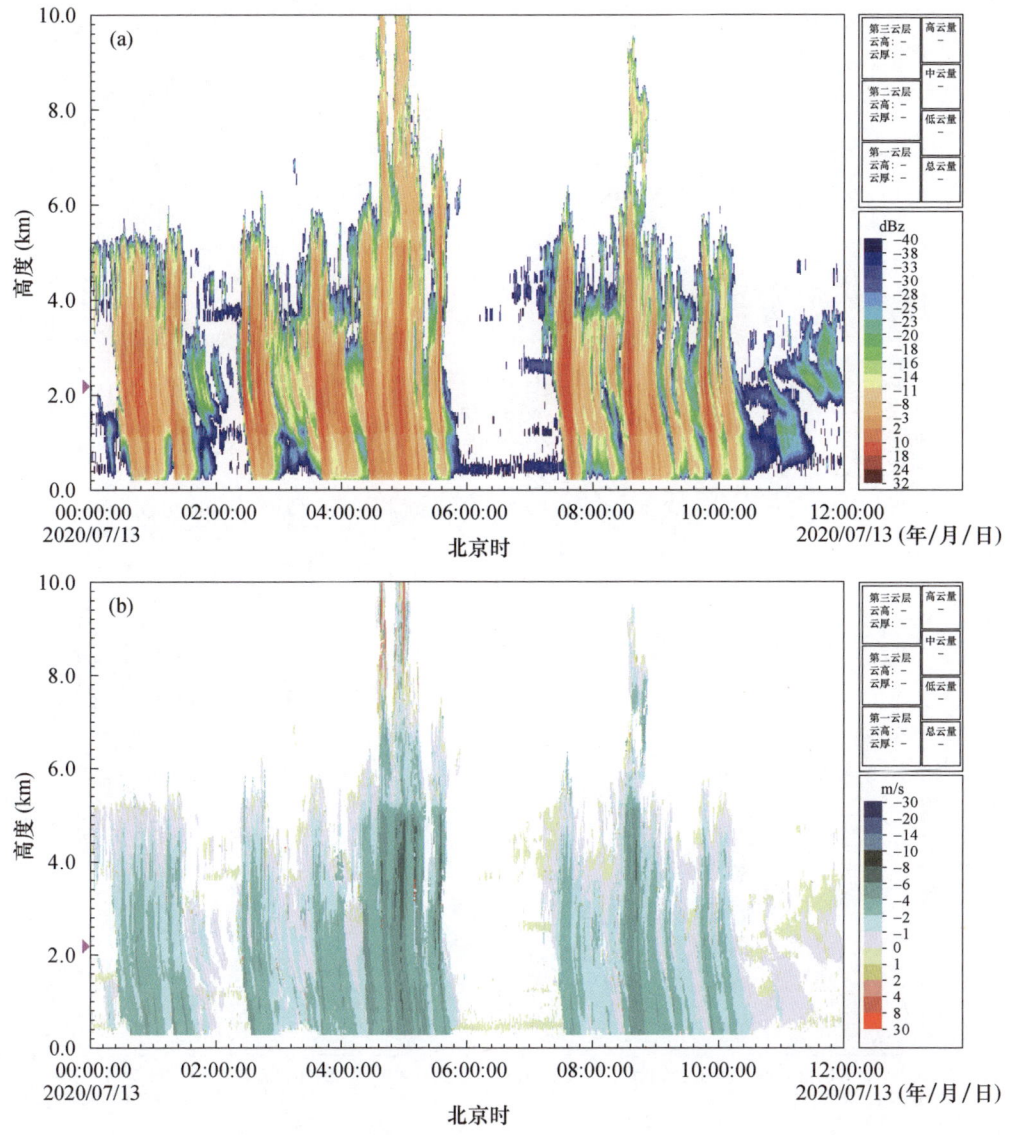

图 2-25 簇状对流云连续波雷达反射率(a)和降水粒子下落速度(b)

2.6.2.3 非线状对流云

非线状对流以积层混合云出现的形式较多,典型非线状对流个例发生时间为 2020 年 6 月 21 日凌晨,非线状对流云出现时,对流云镶嵌在层云中,高度的波动范围为 1~4 km,主要范围集中在 2.6~3 km,云顶高度参差不齐(图 2-26)。降水粒子的垂直落速分布与回波强度略有不同,回波强度的峰值位于 01:30 左右的对流云中下部,而降水粒子的最大下落速度发生在 01:50 附近的对流云中上部,为 6~8 m/s,其他时段的粒子下落速度普遍处于 2~4 m/s。

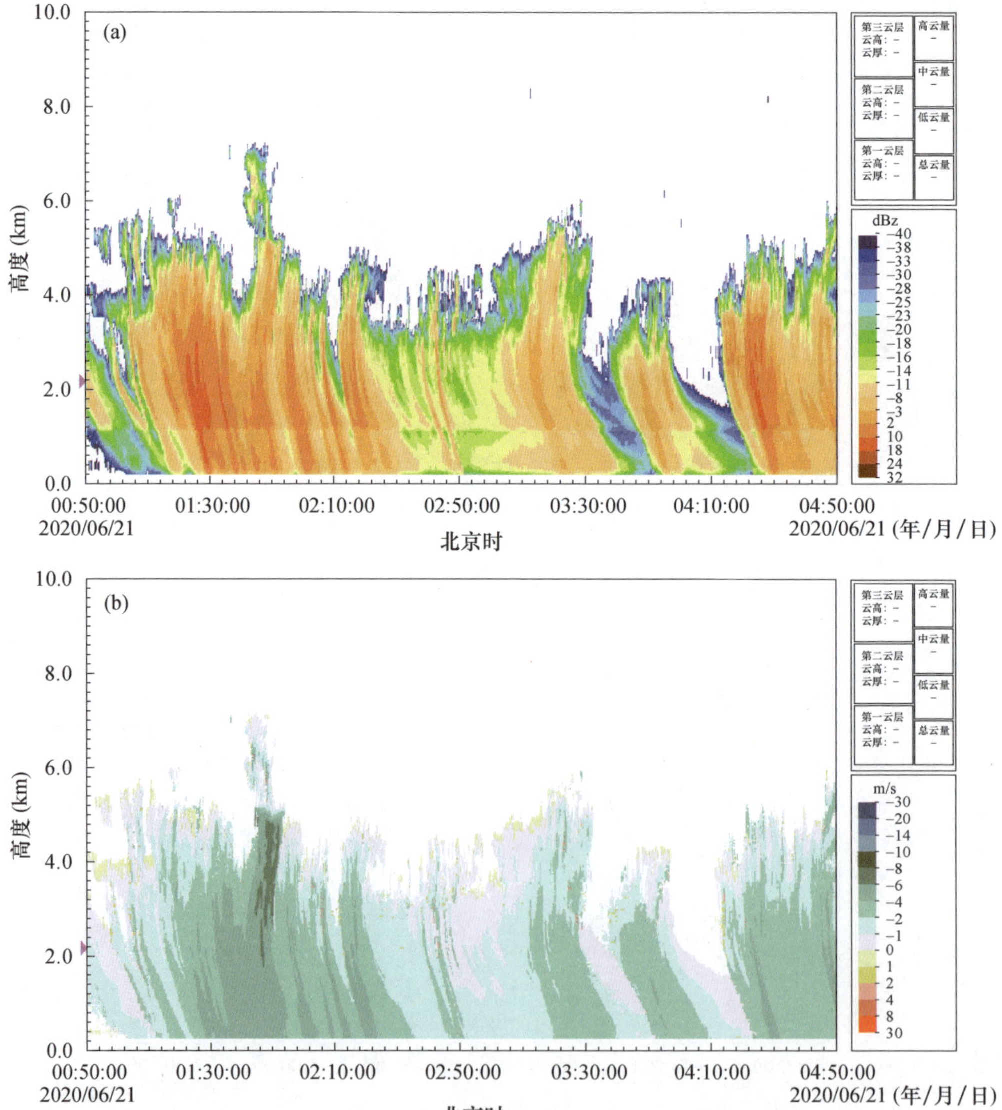

图 2-26　非线状对流云连续波雷达反射率(a)和降水粒子下落速度(b)

2.7 小结

本章在分析空基(FY-2C/D、FY-4卫星等)、地基(新一代多普勒雷达、多通道微波辐射计、Thies Clima激光雨滴谱)和地面雨量站等探测资料不同适用性的基础上,针对强对流云结构特征和监测识别技术进行研究,详细分析了从对流云发生、发展和消亡等不同阶段宏微观参量的演变规律;连续跟踪监测对流单体整个生命史中单体特征、面积、回波顶高和降水量等11个参数,以及这些参量随时间变化的曲线;并利用Ka波段云雷达对湖北省不同类型对流云垂直结构特征进行了监测和分析,得到如下结论。

(1) FY-2D与FY-4A卫星监测的云顶黑体亮温以及反演的云顶温度、云顶高度、云光学厚度、云相态产品以及闪电监测等产品有助于了解云系的发展程度和演变趋势及云系冷暖云垂直结构配置,通过个例可以看到对流云从初生、发展、成熟、减弱的演变全过程。

(2) 通过多普勒雷达对2010年7月在副高外围气流作用下,持续时间长达389 min的对流单体进行跟踪监测,可清晰看到该对流单体在整个生命史回波强度、VIL、强回波面积、回波顶高和单体演变特征。

而对2014年9月武汉一次对流云催化过程寻找目标云及跟踪监测情况进行分析可发现:对目标云进行催化作用后单体四个物理参量Z_{max}、ET、VIL和$Area$均出现不同程度的快速增长,更易与其他单体合并且快速增强;同时,催化后单体的生命史与对比云相比大大延长。

(3) 基于微波辐射计以2014年9月28日武汉一次对流云天气过程和2010年4月12日咸宁一次强对流天气进行跟踪监测,利用多通道微波辐射仪时间分辨率高、精度高和长时间无人值守工作等优点,连续监测冰雹等强对流天气过程中温度、湿度、液态水含量廓线及云水相变趋势,从而可以及时了解一些冰雹云的微物理变化特征。

(4) 对副高外围气流和高原槽及西南涡两种不同天气系统影响下的雨滴谱参量跟踪监测分析可得,两个系统作用下雨滴谱都经历了先变宽再变窄的过程,随着降水活跃程度,雨滴谱呈现单、双峰结构交替变化,且随着雨强增大,雨滴谱变宽,各尺度档的粒子数浓度也相应增大,在较大滴端逐渐上抬;不同之处在于,在高原槽和西南涡作用下雨滴最大直径可达6.0 mm,峰值数浓度一般为$5.0\times10^3 \sim 5.01\times10^5$ m^{-3}·mm^{-1},随着雨强增大,峰值直径也呈现逐渐增大趋势,第二个峰值直径由0.5 mm增加到2 mm,且层云降水过渡到对流云降水时,雨滴直径和数浓度快速增大,谱型先由双峰变为单峰结构,然后再单双峰结构交替变化,而在副高作用下雨滴最大直径仅为2.0 mm,数浓度要小高原槽和西南涡的1~2个数量级。

(5) 利用Ka波段云雷达对孤立对流云、簇状对流云和非线状对流云精细结构进行了监测和分析。

第 3 章
对流云人工增雨概念模型

利用三维云模式结合外场观测试验,对多个对流云个例进行了数值模拟和数值催化试验(王慧娟 等,2014;陈宝君 等,2016),分析了对流云降水的微物理过程及催化后的降水变化,分析了降水物理机理,提出对流云降水物理模型。模型要点是霰(雹胚)在降水发展中有着重要作用,其融化是雨水的最重要来源,对下沉气流以及对流二次增长也有重要作用,对对流云来说,云雨自动转化过程也是雨水一个重要来源。在此基础上提炼了人工增雨概念模型。

3.1 对流云数值模拟试验

3.1.1 数值模式简介

本节所用模式为中国科学院大气物理研究所建立并发展的完全弹性三维冰雹云模式。该模式的动力学框架是一个非静力可压缩完全弹性方程组,含有水汽、云水、雨水、冰晶、雪、霰、冻滴和冰雹共 8 种水成物的微物理过程(王慧娟 等,2014;陈宝君 等,2016)。模式模拟域水平范围取 36 km×36 km,垂直范围为 18.5 km,水平、垂直格距分别取 1 km 和 0.5 km,模拟时间为 60 min。选择湿热泡启动方式启动,扰动中心位温为 1~5 ℃,扰动区中心坐标为 18 km、18 km、3 km,厚度为 6 km。

3.1.2 数值模拟结果分析

3.1.2.1 自然云的数值模拟

研究个例为 2009 年 4 月 15 日发生在鄂西北的一次强对流过程。当日下午,多地遭受雷雨大风和冰雹的袭击,个别乡镇观测到的最大冰雹直径达 5 cm,地面最大风速超过 20 m/s。据当日 08:00(北京时)探空显示,对流风暴发生前大气层结不稳定,CAPE 值达到 1220 J/kg,有利于对流发展。整层大气较干,近地层最大相对湿度 76%,水汽混合比 15 g/kg。风廓线显示低层为东南风,随着高度增加风向顺时针旋转逐渐变成西北风,0～6 km 垂直风切变值约为 13 m/s。根据探空初步估计抬升凝结高度为 900 m,该层温度 18 ℃左右,0 ℃层位于 3.3 km 高度上。该例对流云属于暖云底对流云。

图 3-1 给出了模拟风暴在第 23 分钟时沿 x-z 剖面(西—东方向)的十堰雷达回波强度分布(图 3-1b)与实测雷达回波(图 3-1a)对比,可以看出,除了回波高度略偏高外,模拟风暴在成熟和减弱阶段的回波结构和强度与实际风暴基本一致,说明模式对本例对流风暴的模拟是比较成功的,模拟结果可信。

上升气流速度是表征对流发展强度的一个重要参量。图 3-1 冰雹天气的发生有其物理条件,其中强上升气流是冰雹发展的必要条件。上升气流越强,冰雹在云中滞留时间越长,其碰撞收集过冷水也越多,因而能长到更大尺度。图 3-2 给出了最大上升气流随时间的变化曲线。随着冰雹云的发展演变,上升气流呈现增长趋势,在冰雹云发展的强盛阶段即从第 11～28 分钟这段时间,最大上升速度均大于 15 m/s。地面出现降水的第 18 分钟时上升气流最强,达到极值 24 m/s,之后逐渐减小,在降雹结束前仅为 5 m/s 左右,充分反映了降水对气流的拖曳作用。

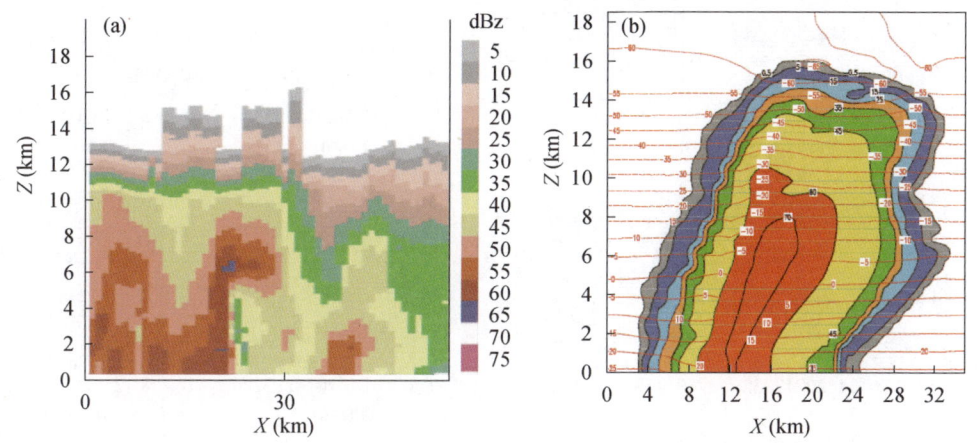

图 3-1　2009 年 4 月 15 日 18:31 观测雷达反射率因子 RHI 产品(a);
第 23 分钟时 $Y=15$ km 处(图 3-3)模拟回波强度(b)(单位:dBz)

图 3-3 给出模拟不同时间 1.0 km 和 6.0 km 高度上的水平风场结构。从低层来看,模拟开始时便出现弱辐合气流,模拟第 4 分钟出现有组织的上升气流,随着冰雹云的发展,上升气流加强,在第 18 分钟地面出现降水。之后辐合气流逐渐减弱并在其中心东侧出现了辐散中心,并逐渐向西扩展加强,第 33 分钟底层呈现一致的辐散气流,降雹基本结束。从高层来看,水平风场演变正好与低层相反。模拟第 4 分钟出现弱辐散气流,随着冰雹云发展,底层辐合加强,高层辐散气流加强且范围逐渐扩大,到第 10 分钟辐散气流已经非常明显,第 18 分钟时在其东侧出现一弱辐合中心,之后辐散气流逐渐减弱直至降雹结束。

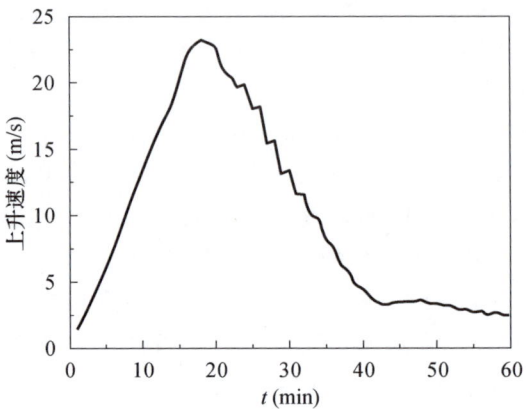

图 3-2　最大上升气流速度值的时间演变

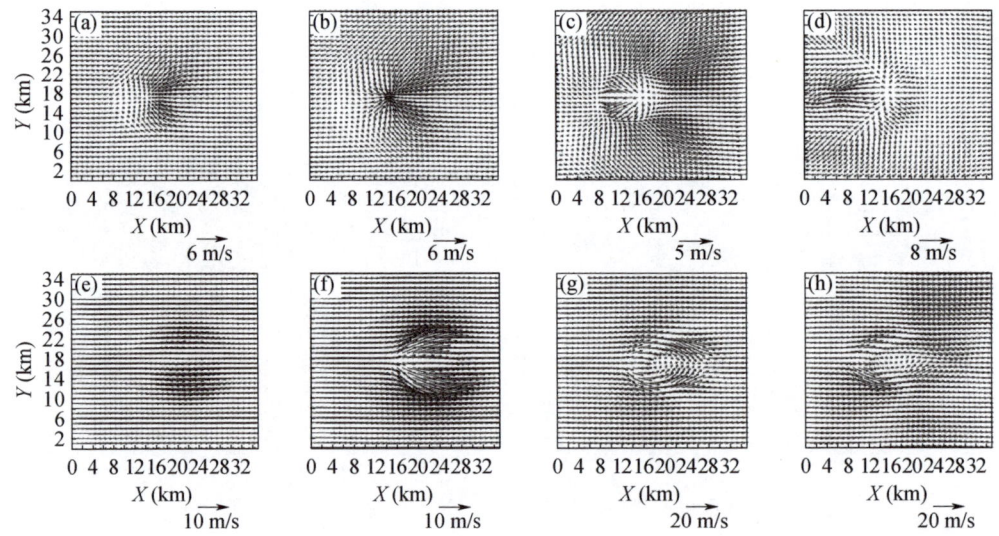

图 3-3　模拟强对流云在 1.0 km 和 6.0 km 高度上的第 4 分钟(a、e)、第 10 分钟(b、f)、第 18 分钟(c、g)、第 33(d、h)分钟时水平风场结构

在云发展的初期,云中以上升运动为主,霰、冰雹和雨水主要分布在 0 ℃层以上。随着时间推移,霰和冰雹这些大冰粒子下落到暖区融化形成雨水,部分降落至地面形成固态降水,这些降水性水成物的下落增强了低层的下沉气流,并在环境风切变的作用下,激发和促进了主对流风暴两侧新单体的形成和发展,模拟风暴也从最初的单泡对流发展演变成为多单体对流(特别是 70 min 以后),其低层以下沉运动为主,中上层则以上升运动为主。在模拟后期,云中已不存在有组织的上升和下沉运动,水成物的含量也很小。自始至终,冰晶和雪都分布在高层 8～11 km 的区间上。

通过对云中各种水成物的质量百分比计算表明,平均而言,云水在风暴总质量中所占的比例为22.7%,雨水23.2%,冰晶7.1%,雪10.0%,霰29.0%,冰雹7.9%,总体上冰相与液相所占比例约为1:1。

对流风暴产生的降水以雨为主,占地面总降水量的78%,其次是冰雹占20%,霰的比例很小只有2%左右,地面无降雪。第一阶段和第二阶段(以60 min为分隔点)所产生的降雨(雹)量对整个地面总降雨(雹)量的贡献分别为47%(70%)和53%(30%)。雨水质量最主要的贡献项是雨滴碰并云滴增长,平均贡献率达到81.7%,其次是霰的融化贡献了10.7%,冰雹融化和云雨自动转化对雨水的贡献相对较小,为2.8%和3.7%,其他过程例如霰和冰雹碰撞水滴甩脱以及雪花融化对雨水的贡献微乎其微。通过计算微物理过程对雨滴浓度的贡献,结果表明云雨自动转化是本例雨滴最主要的产生机制,平均贡献达到67%,霰的融化和霰碰撞水滴脱落过程分别贡献18%和9%,雹的融化贡献率还不到4%。然而,云雨自动转化所产生的雨滴只占雨滴总质量的19%,霰和雹融化所产生的雨滴虽然数量相对较少,但对雨滴总质量的贡献却达到57%和16%。这说明,尽管大部分雨滴来自云雨自动转化过程,但该过程产生的都是小雨滴;霰和雹融化的雨滴虽然相对较少,但产生的都是大雨滴。

冰雹由霰转化而来,这一过程对冰雹总质量的贡献达到67.3%。霰粒子主要来自冰雪晶自动转化,雨滴冻结对霰浓度的贡献只有27%,但在20 min前霰粒子几乎全部由雨滴冻结产生,20 min之后主要由雪晶自动转化而成。尽管由雨滴冻结产生的霰粒子数量相对较少,但霰粒子总质量的贡献却达到41%,说明产生的是相对较大的霰粒子,故而分布在较低的高度上(5~10 km),冰雪晶转化的霰粒子数量多,但粒子小,并且主要分布在较高的层次上(8 km以上)。冰雹在形成后主要依靠碰冻云水和雨水增长,两者的贡献率分别为28.6%和2.7%,相比之下,其他过程对冰雹的贡献很小。

3.1.2.2 人工催化数值模拟试验

模式中碘化银比含量的源项用一矩形空间内均匀分布的碘化银粒子初始浓度来表示,并假定催化剂是以点源方式瞬间释放到云中。催化的水平范围是3 km×3 km,厚度为0.5 km。催化时间定在第11分钟,此时云顶高度为6.5 km,云顶温度为−14 ℃,冰晶刚产生,云内最大上升气流速度为18 m/s,位于4 km高度。考虑到催化剂在云中的扩散受到气流的影响,为了使催化剂能有效进入云体,选择主上升气流区4 km高度进行催化,同时也进行不同催化剂量的试验,其中,最小催化剂量为碘化银90 g,最大催化剂量2700 g。图3-4显示了地面总降雨量和降雹量的变化。可见,所有催化试验都导致地面总降雨量增加、降雹量减少,增雨率为14%~62%,减雹率25%~35%。由图还可以看出,增雨率随着播撒量的增加而增大,而减雹率则呈现出先增大后减小的趋势。

下面选取增雨率最大的试验(碘化银播撒量2700 g,增雨率62%,减雹率32%)分析催化对云微物理和动力过程的影响机制。60 min以前云中流场结构并没有发生明显的变化。但60 min之后,催化云和自然云的流场结构出现明显差异,主要表现在催化云的前部是组织性的倾斜上升气流,后部是下沉气流,这种上升—下沉运动共存的机制使得云系能够维持更长的时间,发展得也更高。90 min,自然云的顶高为 10 km,而催化云则达到 11.5 km。自然云在后期云中主要以下沉运动为主,因而使风暴很快减弱。催化云中霰和雨的含量及分布范围都要比自然云大,雹的含量在催化后的很长时间内都是减小的,但在 90 min 以后有所增加。进一步检查雨的垂直分布,发现在 40 min 以后,自然云的雨水基本都位于融化层以下,而催化云则向上扩展到融化层之上,并且主要集中在前部的上升气流区,这在 70 min 时尤为明显,说明云中存在很强的云雨转换和碰并机制。

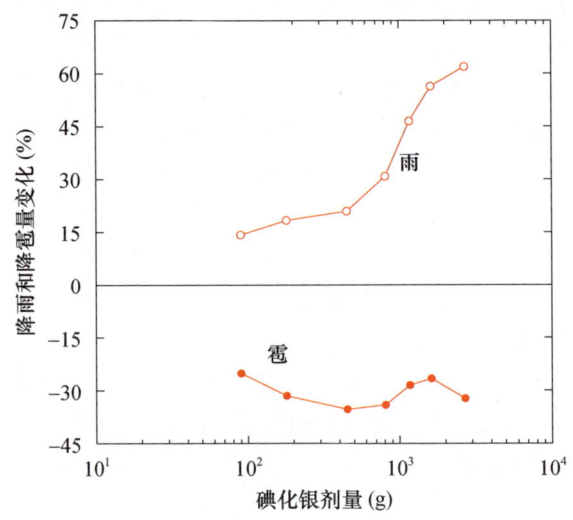

图 3-4　不同碘化银剂量情景下地面总降雨量和降雹量的相对变化

催化云和自然云比较可见,催化初期低层的霰和雨的含量有所降低(因为催化增加的霰粒子和云中自然的霰粒子产生了竞争机制,因而限制了霰粒子的增长,导致下落到低层的霰量减少),其余时间两者的量都是增加的,范围也扩大。低层冰雹的含量在催化后很长时间内都是减少的,但在后期有所增加,特别是在风暴前部区域。云水的含量和分布范围也在催化后增大,并且主要发生在 50 min 以后。低层水平流场的显著变化也发生在 60 min 之后,不但风暴后部的辐合区扩大,其前部气旋性结构也更加明显,风场强度也变大。

水凝物质量的变化直接影响到下沉气流。图 3-5 给出了下沉气流质量通量 $\int \rho_a w^- dA$ 在催化后的变化,其中 ρ_a 是空气密度,w^- 是下沉气流速度,A 是面积。0~40 min,下沉气流通量没有发生明显的变化,40~70 min 期间下沉气流通量明显增加,尤其在低层,70 min 后低层通量仍是增加的,但中层的有所减少。从模拟域最大值随时间变化(图 3-6)也可以看出,下沉气流速度在 40~70 min 期间增大较明显,对应的上升气流速度有所减小。70 min 之后,最大上升气流速度在催化后明显增大,这是前期增加的下沉气流质量通量增强了低层辐合,因而促进了二次对流的发展。注意,从催化结束到对流明显二次增长,其间经历了相当长(大约 60 min)的时间,这是因为降水性水成物的形成和增长需要足够的时间来完成,其对下沉气流和上升气流的影响是个慢过程,自然不如催化剂的直接作用(水汽凝华、水滴冻结)引起的潜热释放对上升运动的促进来得快,但其作用时间更长、效应更显著。

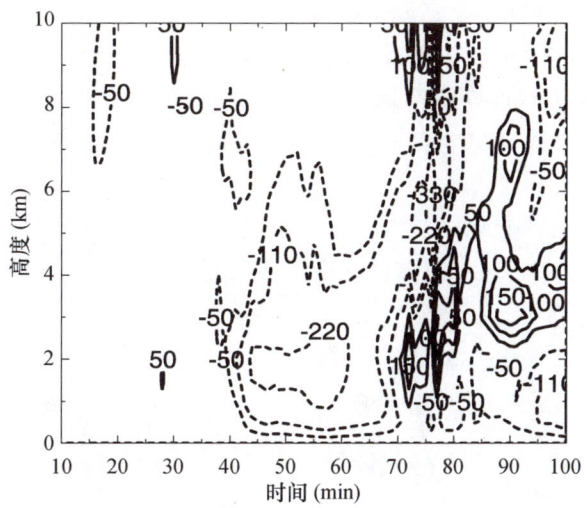

图 3-5 下沉气流质量通量(单位:10^6 kg/s)在催化后的变化(负值表示增加,正值表示减少)

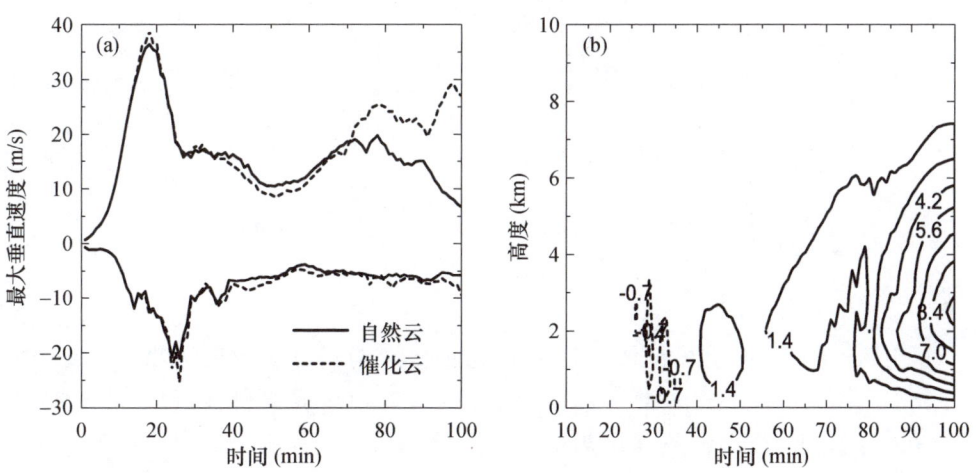

图 3-6 最大上升气流和下沉气流速度随时间变化(a)(实线和虚线分别表示自然云和催化云);
云中垂直向上的水汽通量(单位:10^6 kg·s^{-1})在催化后的变化和分布(b)

催化对上升气流的影响也改变了入云的水汽通量。图 3-6b 给出了催化云和自然云垂直向上的水汽通量的差,由 $\int \rho_a w^+ q_v \mathrm{d}A$ 计算所得,其中 ρ_a 是空气密度,w^+ 是上升气流速度，q_v 是水汽质量混合比，A 是面积。40 min 以前，由于上升气流轻度减弱，使得进入云体的水汽通量略有减少，而在 40 min 以后，中低层的水汽通量明显增加，特别是 80 min 后。这些增加的水汽在上升气流区凝结，导致催化云拥有更多的云水含量，因而促进了云雨自动转化及雨水碰并云水增长过程。

图 3-7 给出了催化后冰雹和雨水主要的源项微物理过程产生率随时间的变化，与图中过程相比变化很小的项没有给出。由图可见，15～75 min 冰雹的形成(CNgh)和增长过程(CLch、CLrh)在催化后都有所减弱(图 3-7a)，尤其霰向雹的转化过程。这是由于霰粒子的数量在催化后大量增加，对过冷水产生了竞争机制，碰冻增长受到限制因而转化成冰雹的量减少；正是由于冰雹的形成过程受到了抑制，从而也削弱了其碰冻收集过冷云水和雨水的进一步增长。换句话说，正是竞争机制导致了这一时段的冰雹在催化后减少。75 min 之后，霰转化成冰雹以及冰雹碰冻过冷水的增长都有所增强，这是对流强度和液态水含量增加从而促进了碰并增长过程。

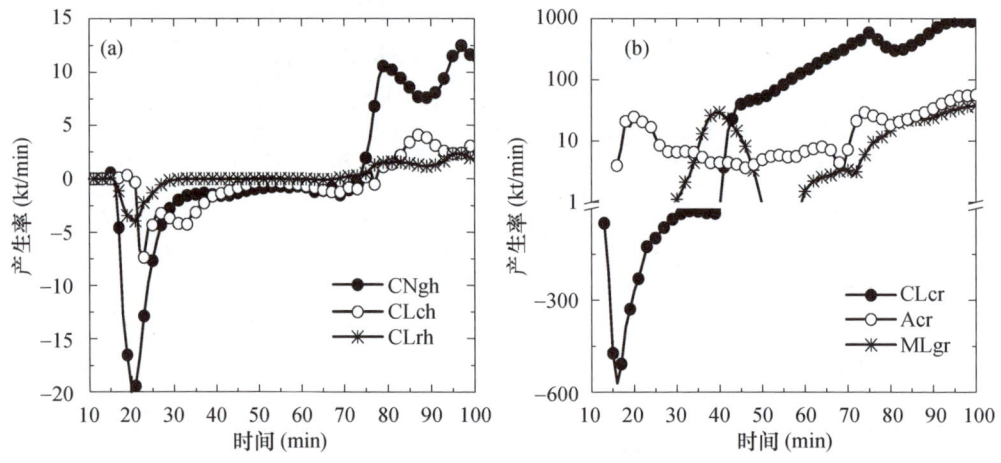

图 3-7 催化引起的冰雹(a)和雨水(b)源项微物理过程质量产生率的变化
（正值表示催化使得该过程增强，负值则表示催化后该过程被减弱）

从雨水产生率的变化看(图 3-7b)，催化主要影响到三个源项微物理过程：雨水碰并收集云水(CLcr)、云雨自动转化(Acr)以及霰融化成雨(MLgr)。15～30 min CLcr 在催化后明显减弱，这是因为碘化银及催化增加的冰雪晶和过冷雨滴碰撞，在增加霰粒子的同时也减少了过冷雨滴的量，因而抑制了雨滴对云滴的碰并收集增长。伴随 CLcr 的减弱，过冷云水的含量增大，使得过冷区云雨自动转化得到增强。相比之下，暖区内的云雨自动转化和碰并增长受催化的影响较小。30 min 以后，来自霰融化的雨滴数增加，从而显著增强了暖区的 CLcr 过程。60 min 以后，伴随着对流的二次发展和增强，暖区和过冷区的 Acr 都增强，同时来自霰融化的雨滴也增加，从而使得 CLcr 量继续增加。总体来看，催化对雨水源项微物理过程的影响，前期主要在过冷区,中期在暖区,而后期暖区和过冷区都受到了影响。可以说,催化增强的暖雨碰并过程是导致本例雨水增加的最重要机制。

图 3-8 给出了催化云和自然云的地面降雨量和降雹量随时间的变化。0~25 min(即催化开始的 15 min 内),催化云和自然云的地面降水并没有明显的差别;25 min 之后,地面降雨和降雹均出现较大变化。总体来说,0~40 min 地面降雨量因催化而有所减少,之后降雨量有所增加。注意到降雨量增加发生在两个时段,第一个时段为 40~60 min,第二个时段在 60 min 之后。地面降雹量在很长一段时间里(约 60 min)都是减少的,但在后期则开始增加,只不过与前期减少的量相比后期增加的量较小,因而导致最终的降雹量在催化后减少。

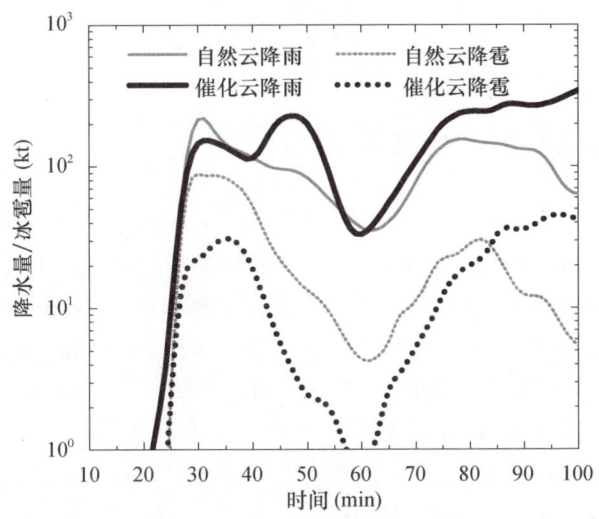

图 3-8　自然云(灰线)和催化云(黑线)地面降雨量(实线)和降雹量(点线)随时间变化

地面降水分布形态也在催化后发生改变。尽管地面降雨都呈现出相似的分布形态,但催化云的雨区范围明显要比自然云大,尤其是 10 mm/h 以上的雨区。主降雨区南北两侧的雨区范围和强度在催化后都有所增大。催化对地面降雹分布的影响也很明显。虽然主降雹区的冰雹在催化后显著减少,但其南侧的降雹却有所增加,而在其北侧又新出现了一个降雹区。这些结果表明,催化不仅影响了地面降水量的大小,也改变了降水的空间分布。

3.2　对流云降水物理模型

基于这些模拟结果,提出夏季对流云降水的微物理概念模型。模型要点是霰(雹胚)在降水发展过程中有着重要作用,既是冰雹来源也是雨水的最主要贡献者,对下沉气流以及对流二次增长也有重要作用。对于对流云来说,云雨自动转化过程也是雨水一个重要来源。

基于这些个例的数值模拟结果,初步总结对流云降水物理模型如图 3-9 所示。

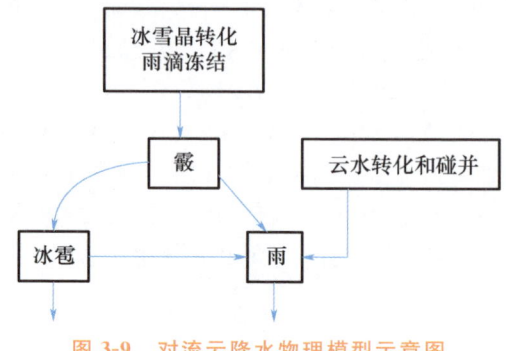

图 3-9　对流云降水物理模型示意图

3.3　对流云增雨概念模型

通过上述数值模拟,我们发现 Rosenfeld 和 Woodley(1993)提出的修正动力催化概念模型,对于对流云同样适用。在对流云发展初期,在上升气流区播撒碘化银增加云中霰(雹胚)的数量,削弱冰雹形成过程(竞争机制),但融化成雨过程增强(静力催化机制),凇附增长下落融化增加雨水含量的同时也促进下沉气流和对流的二次发展,最终导致降水增加。其中,催化前期降水增加主要是霰融化造成,后期增加主要是催化增强对流二次发展导致云雨自动转化与碰并效应增强的结果。对流云催化增雨概念模型如图 3-10 所示。

催化对云宏微观结构的影响可用图 3-11 概括:绿线代表雨水,红线为冰雹,蓝线是霰,黑线是上升和下沉气流,填色图代表回波强度。左图为自然云,右图为催化云。催化可导致云中霰含量增加,融化成雨量增加,增强下沉气流和边界层辐合以及前部上升气流,促使云体更高、更大增长,地面降水增加。

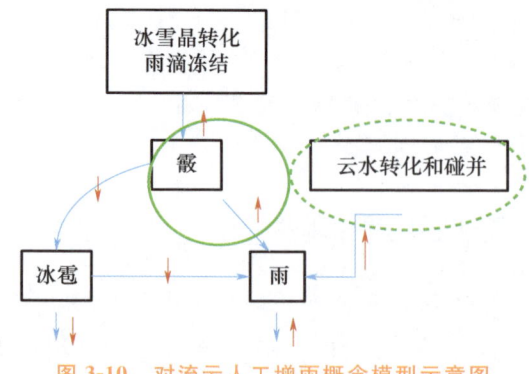

图 3-10　对流云人工增雨概念模型示意图

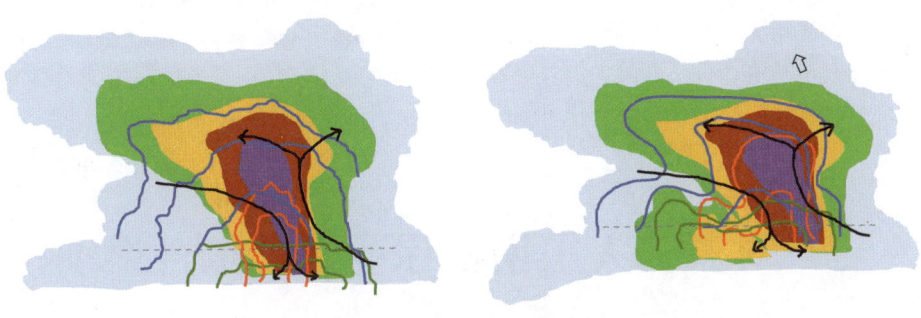

图 3-11 催化对云宏微观结构的影响示意图

3.4 小结

利用三维云模式结合外场观测试验,对湖北省多个强对流云个例进行了数值模拟和数值催化试验,提炼了对流云人工增雨概念模型,既包含了静力催化过程(含竞争机制),又含动力催化过程,综合考虑了这些机制相互作用过程,而国内主要是以许焕斌(2001,2012,2015)穴道催化理论以及国外 Rosenfeld 和 Woodley(1993)提出的修正动力催化概念模型为基础开展增雨作业。对流云人工增雨概念模型还需要在业务实践中应用进行验证,发挥应有的作用。

第 4 章
对流云人工增雨作业条件综合识别技术

在对流云跟踪监测研究中发现,对流云在活跃发展阶段的平均降水量要高于成熟旺盛阶段,因此针对对流云开展人工增雨作业条件综合识别技术的研究,建立定量化的对流云人工增雨作业的条件指标,为实现精准作业、高效作业,达到良好的增雨效果,具有重要的科学和业务应用价值。本章将基于风云卫星、多普勒雷达、地基微波辐射计等先进监测技术以及局地分析预报系统(LAPS),针对湖北省对流云人工增雨外场实验的多个对流云增雨例子,采用多源观测技术相结合的手段,对对流云的宏观与微观参量进行统计分析,以获取对流云人工增雨作业条件识别的综合指标,最终建立适宜湖北省实际业务的人工增雨作业条件综合识别技术。其技术路线见图 4-1。

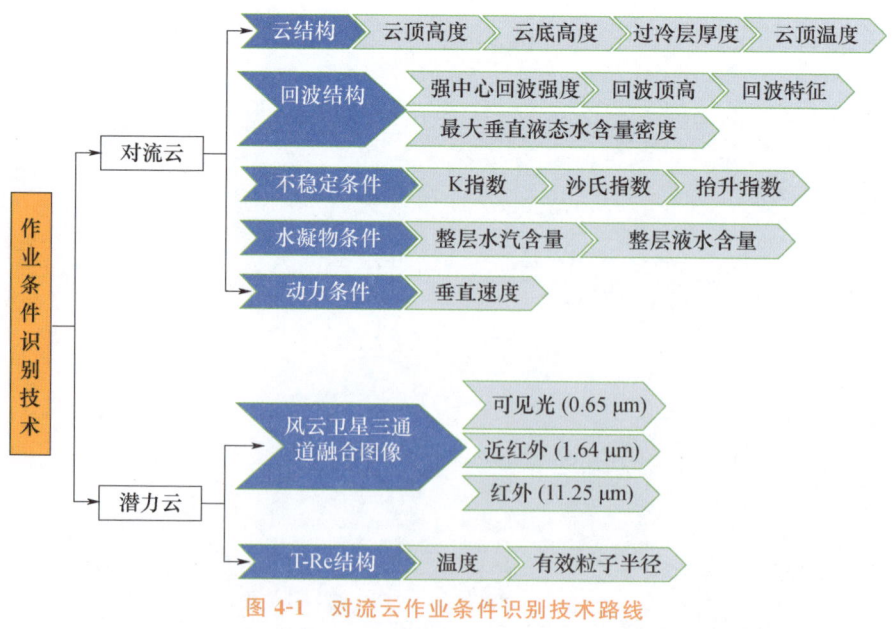

图 4-1 对流云作业条件识别技术路线

4.1 作业潜力云分类解释判别技术

4.1.1 FY-3 极轨卫星资料简介

风云三号是中国第 2 代极地轨道气象卫星系列,它的第 1 颗星——风云三号 A 星(FY-3A)于 2008 年 5 月 27 日上午 11:02:33 在山西太原卫星发射中心发射升空(陈英英 等,2013b)。2 代极轨气象卫星主要是实现全球、全天候、三维、定量、多光谱遥感,以满足现代气象业务,特别是数值天气预报业务的发展,同时监测大范围气象及其衍生自然灾害和生态环境变化,为研究全球气候变化规律,进行气候诊断和预测提供地球物理参数,为农、林、交通、海洋、水文等多领域提供服务。FY-3A 卫星携带 11 个对地观测仪器,本节所使用的中分辨率光谱成像仪 MERSI,涵盖了从可见光到红外光谱范围,有 5 个通道分辨率达到 250 m,其余 15 个通道也达到 1000 m,对于分析云的细致结构极为有利。

4.1.2 三通道融合图像来定性识别作业潜力区

云的种类繁多,在垂直层面上按其云底所在高度可以分为高云、中云、低云,高云类包括卷云、卷层云、卷积云,中云包括高层云、高积云、层积云,低云包括积云、雨层云、层云及直展的积雨云,不同的云对应不同的天气类型。本节介绍利用 FY-3 卫星资料原始数据及获取的云参数信息来识别对流云(陈英英 等,2011)。

卫星通道中的红外、可见光、近红外通道分别对云顶黑体亮温、云光学厚度、云有效粒子半径敏感,在对云特征识别方面各有一定的优势,由于单一使用任一通道都不能完整全面、直观准确地把握云特征综合信息,因此,将国外极轨卫星中的三通道融合显示技术应用于卫星资料的分析处理中。可见光($0.65~\mu m$)、近红外($1.64~\mu m$)、红外($11.25~\mu m$)通道信息分别以红绿蓝三基色显示,合成的彩色图像反映了云在云光学厚度、有效粒子半径、云顶高度等方面的综合特征。由于颜色的合成具有唯一性,可准确反推有云区、无云区,显示海陆分界,对云的类型进行直观的判断。多光谱及高空间分辨率两项优势的叠加,可提升云的分类解释判读的准确程度和精细化水平。

可以看出,发展旺盛的对流云由于具有较高的可见光通道反射率、中等偏小的近红外通道反射率以及较低的红外通道亮温的特征,合成颜色为橙红色(图 4-2)。

对于对流云增雨潜力区来说,由于具有中等的可见光通道反射率、中等偏小的近红外通道反射率以及偏低的红外通道亮温的特征,理论上将体现为中红、中绿、中蓝的融合颜色,实现定性识别(图 4-3)。

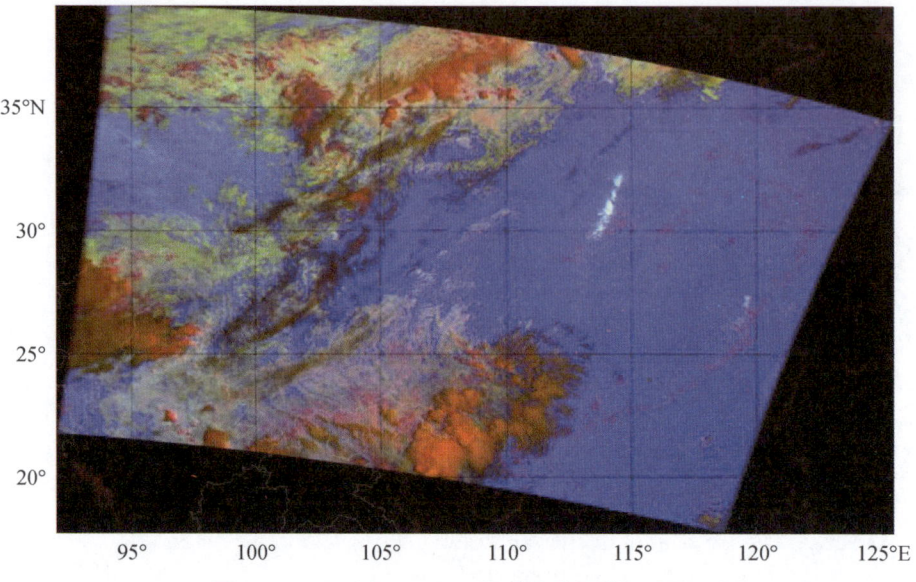

图 4-2　FY-3A/MERSI 三通道合成图像示意图

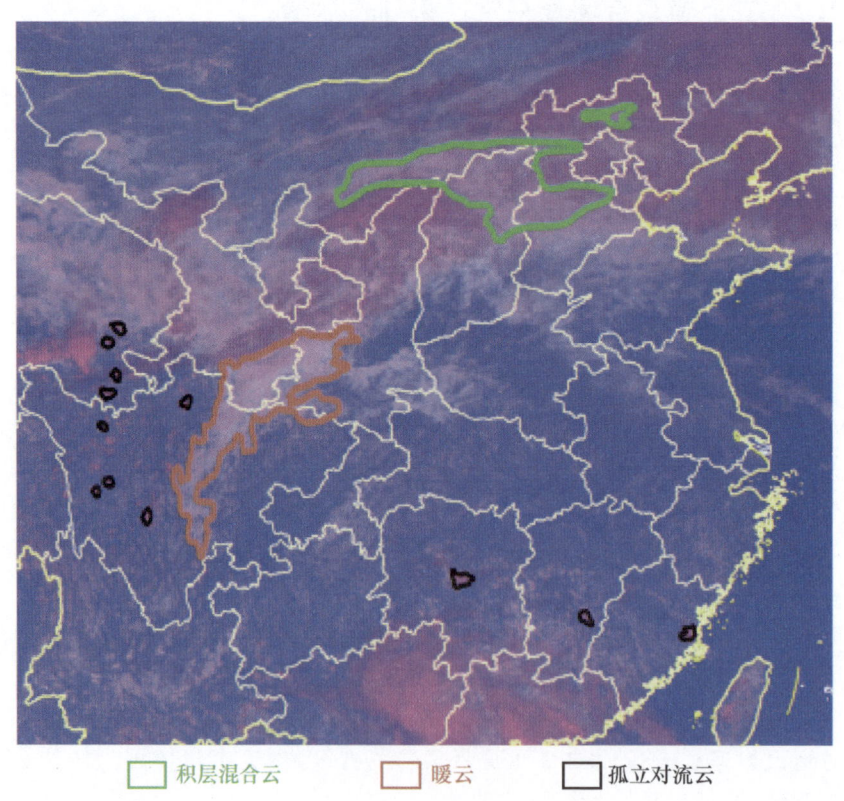

□ 积层混合云　　□ 暖云　　□ 孤立对流云

图 4-3　作业潜力云分类解释判别

4.1.3　T-Re 结构识别对流云

4.1.3.1　T-Re 曲线介绍

由于卫星云探测大多只能获取云顶的信息,为了了解云内状况,通过各态历经假定进行时空转换,即用不同顶高的云近似云中不同高度性状。各态历经假定的云物理学理解:在一定区域内存在各种不同顶高的云,假定区域内的大气温湿状况和 CCN(云凝结核)状况相近,那么,空气上升冷却饱和凝结形成这些云,则它们的云底高度、云底的数浓度、粒子大小相近;如果上升同样高度,那么供云滴增长的水量相近,则云粒子增长大小相近。因此,用不同高度云的 Re(有效粒子半径)来近似云内不同高度上的 Re,在云物理学上是合理的,这样通过选取不同高度的云就可以得到 Re 随温度(T)的变化曲线,即 T-Re 图,用于分析云中垂直结构。

温度与有效粒子半径的关系即 T-Re 图的配置能够揭示云中的微物理过程,如图 4-4 所示,在各微物理过程都完整的情况下,由低层到高层可分为以下几个阶段:凝结增长过程、碰并增长过程、降水(雨胚增长)过程、混合相增长过程、晶化(冰晶)增长过程。

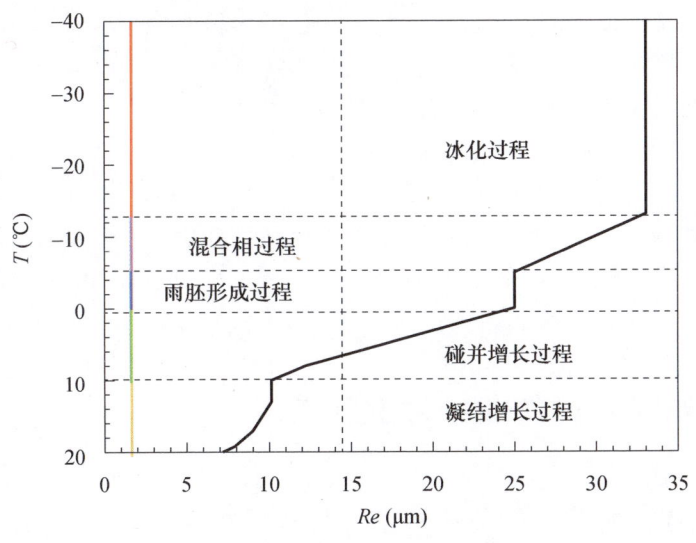

图 4-4　T-Re 分析云中微物理过程示意图

选定一个区域,包含多个不同发展阶段(不同高度)的对流云单体,使其达到几千个以上的云像元(具有较好的代表性)。每隔 1 ℃ 计算有效云像元样本数,对 Re 做升序排列,查找样本数中值和其他百分比对应的 Re 值,用不同颜色表示不同样本数百分比绘制 T-Re 图,按照上述特征区分出云中不同物理过程。利用 T-Re 的配置关系,建立不同的云降水物理过程:

(1)凝结增长过程:一般温度高于0 ℃,Re值小于10 μm,且随高度增加,云滴尺度增长缓慢。在T-Re分布图上表现为$T>0$ ℃,$Re<10$ μm,较小的$-dRe/dT$值;

(2)碰并增长过程:随高度增加,云滴快速长大,在温度较高还未达到冻结温度时,T-Re分布图上表现出大的$-dRe/dT$值;

(3)降水(雨胚增长)过程:Re稳定保持在20~25 μm,云滴最大值由云顶附近稳定的上升气流所决定,如果云滴再长大些,上升气流无法托住的云滴,将下落到较低部位,并最终可能掉出云底;

(4)混合相增长过程:温度小于0 ℃,冰水共存,随高度增加,云滴表现出快速增长。在降水(雨胚增长)带缺失的情况下,混合相增长带和碰并增长带的分界线不是很明确,根据飞机观测结果将两个增长带的分界线确定为-8 ℃;

(5)晶化(冰晶)增长过程:Re值相对稳定不变,并且比降水(雨胚增长)带或混合相态增长带下的Re值要大,大粒子通过聚并形成雪花降落到较低部位。

4.1.3.2 积状云垂直结构特征

有研究表明,不同地区的积云T-Re结构存在明显的差异,可大致分为:大陆性、过渡性和海洋性积云,具体特征如下:

(1)中高纬度内陆地区积云,在底层具有较小的云粒子有效半径,从云底至-15 ℃层,云粒子有效半径在5~14 μm之间,主要表现为较深厚的凝结增长带,晶化增长起始温度为-30 ℃或更低,具有典型的大陆性云物理特征;

(2)低温度海岛和近海地区积云,底层的云粒子有效半径较大,在12 μm左右,碰并作用较强,晶化增长起始温度为-15~-20 ℃,具有大陆性到海洋性过渡的云物理特征;

(3)海洋上空积云,底层的云粒子有效半径最大,在22 μm左右,晶化增长起始温度高于-10 ℃,降水带较深厚,底层的云粒子有效半径超过14 μm的降水阈值,很容易形成降水,具有海洋性云物理特征。

4.2 对流云的作业条件识别技术

4.2.1 多普勒雷达的对流云增雨作业条件识别

4.2.1.1 作业条件识别指标

表4-1给出了第2章表2-2中对流云人工增雨效果显著的21次典型个例分析作业前半小时内雷达产品参量(组合反射率、回波顶高、垂直积分累积含水量)变化特征,可以看出,作业前半小时内组合反射率呈现持续增长或间断性起伏变化,云中须累积一定量的水成物,云顶高度呈逐渐增高或维持状态,回波面积在半小时内可呈现显著增长变化,但不同个例间的回波面积也有显著不同(李德俊 等,2016b)。

表 4-1　作业前雷达回波参量统计

雷达产品参量	分档 1	分档 2	分档 3	作业前变化情况	
组合反射率	[30~40) 10%	[40~50) 40%	≥50 50%	作业前增长 50%	维持大值 50%
垂直积分液态水	<5 20%	[5~10) 10%	≥10 70%	作业前增长 70%	维持大值 30%
回波顶高	<5 0%	[5~8) 30%	≥8 70%	作业前增长 30%	维持大值 70%

通过对上述各个图表的综合分析可以得到适宜进行催化作业的条件：

(1) 最佳作业时机的确定

①回波中心位于云体中上部，回波顶部反射率梯度大且向上增长，作业前半小时内处于不断增长或上下小幅波动维持大值阶段，是火箭增雨作业的最佳时机。组合反射率要大于 40 dBz，超过 50 dBz 的强对流云要以防雹增雨作业为主，小于 30 dBz 增雨效果不明显。

②云中需累积一定量的水成物，最大垂直积分液态水含量要达到 14 kg/m² 或以上，作业前半小时内处于增长阶段。催化这种处于发展阶段的对流云，可促使云体进一步发展，云水含量增加。

③对流发展较为旺盛，云顶高度呈逐渐增高或维持状态。雷达回波顶高在 7~8.5 km 之间，至少达到 5.5 km。

④不同对流云的强回波(大于 45 dBz)面积大小差异较大，无法确定催化作业的具体量化指标，分析时应结合组合反射率产品的演变加以区别对待，但作业前半小时内均应呈现增长变化。

若积云回波发展达到如上指标并向作业点作业范围内移动发展，可选择为具有作业潜力的对象，进入射程随时作业。

(2) 最佳作业部位的确定

大面积降水回波中的对流云区，或者对流云团中的强度中心、逆风区等辐合较强的位置，即为作业的最佳部位。对流云团的强度中心可由雷达回波垂直剖面产品获取，或由不同仰角的 PPI 产品及雷达与目标云的距离计算得到。

增雨作业高度应在云体温度 $-10\ ℃$ 所在高度效果最佳。这个高度，可以由卫星资料云顶黑体亮温值进行估算。

(3) 催化剂量的计算方法

对流云要达到动力催化效果，人工冰核浓度应达到 300~500 个/L，而 WR-1B 型火箭弹每弹中装有 10 g AgI 催化剂，在 $-10\ ℃$ 时冰核数可达 $1.8×10^{16}$ 个。

目前最关键的技术是如何用雷达图像产品估计作业区域的体积，进而计算用弹量。作业区域体积 V(单位：km^3)由下式求得：

$$V = \frac{S_{VIL}}{2} \times h_{\text{top}} \tag{4-1}$$

式中 S_{VIL}（单位：km^2）为垂直累积液态水含量（VIL）值大于等于某一阈值（例如：30 kg/m^2）的面积。这个阈值可以根据不同的区域或不同的降水性质具体给定。VIL 是在 4 km×4 km 的垂直柱体内液态水总量的分布，VIL 大值区含水量大，降水潜力大，因此，由 VIL 产品可以判断作业的最佳部位。由 VIL 的物理意义可知其大值区的范围和回波强度大值区是相对应的，可近似代表回波强度的面积。通过识别 VIL 图像产品，得到 VIL 值大于等于某一阈值所拥有的像素数（NUM），则 $S_{VIL}=4\times4\times NUM$，$h_{\text{top}}$（单位：km）为 VIL 大值区所对应的回波区域过冷层高度，由回波顶的平均高度与 0 ℃层高度共同得到。

4.2.1.2 实例分析

2014 年 9 月 28 日武汉抓住一次对流云过境时机，进行了火箭作业（图 2-12、图 2-13、图 2-14、图 2-15），以东西湖府河围堤作业点对 T0 单体作业为例，T0 回波强中心位于 5.5 km，回波顶高 10～16 km，强度为 47 dBz，为刚生成处于发展时期。该对流云大于等于 1 kg/m^2 的 VIL 像素有 15 个，因此 $S_{VIL}=4\times4\times15=240$ km^2，VIL 大值区所对应的回波顶的平均高度为 6.5 km，0 ℃层高度平均为 5 km，则 h 为 1.5 km，$V=(240/2)\times1.5=180$ km^3，即 180×10^{12} L，人工冰核数应达到 $180\times10^{12}\times400=7.2\times10^{16}$ 个，需要 4～5 枚火箭弹，实际发射了 5 枚火箭弹。这次催化作用是明显的，主要表现在 ET、VIL 和 Area 快速增长明显，催化后生命史大大延长，长于对比云 72 min，通过计算催化目标云与对比云雨量后，可看出增雨率达到了 48.2%（李德俊 等，2016b）。

4.2.2 FY-2 静止卫星的对流云增雨作业条件识别

4.2.2.1 作业条件识别指标

基于 FY-2 静止卫星资料，分析了第 2 章表 2-2 中的 21 个增雨催化效果非常显著的个例卫星反演云参数特征，提出基于 FY-2 静止卫星的增雨作业条件识别方法。

催化时机：对流云系的发展阶段适宜进行增雨催化作业。

催化部位：孤立的对流泡或强烈发展的对流云的边缘云系。

具体指标为：

①云顶黑体亮温<−20 ℃

②云顶高度＞6 km

③过冷层厚度＞4 km

④云顶温度：−4～−20 ℃

4.2.2.2 实例分析

由图 4-5 中显示的第 2 章表 2-2 个例 16 作业前后云顶黑体亮温的变化可以看出，青山作业点的催化时间为对流云团刚刚形成之时，云团的尺度很小，云顶黑体亮温不是很低，在−20 ℃左右，周围有很多类似的对流泡，可分析为夏季午后对流云团的初生阶段。

由图 4-5 显示的第 2 章表 2-2 个例 17 的作业前后云顶黑体亮温的变化可以看出，周坪(罗)作业点催化的目标云为强对流云团后面的小对流泡。

由图 4-5 显示的第 2 章表 2-2 个例 18 的作业前后云顶黑体亮温的变化可以看出，湖北及周边无大面积的降水云系，为孤立的对流泡，图中黑色原点为作业点，作业前对流中心云顶黑体亮温的—35～—30 ℃，作业后降至—40～—35 ℃，且云区范围扩大，证明作业后对流云进一步发展增强。

卫星资料在判识大范围云系的整体分布上有着明显的优势，如以上 3 个个例，可以看出，作业点催化的均为对流云系的发展阶段，云顶黑体亮温在—20 ℃左右。

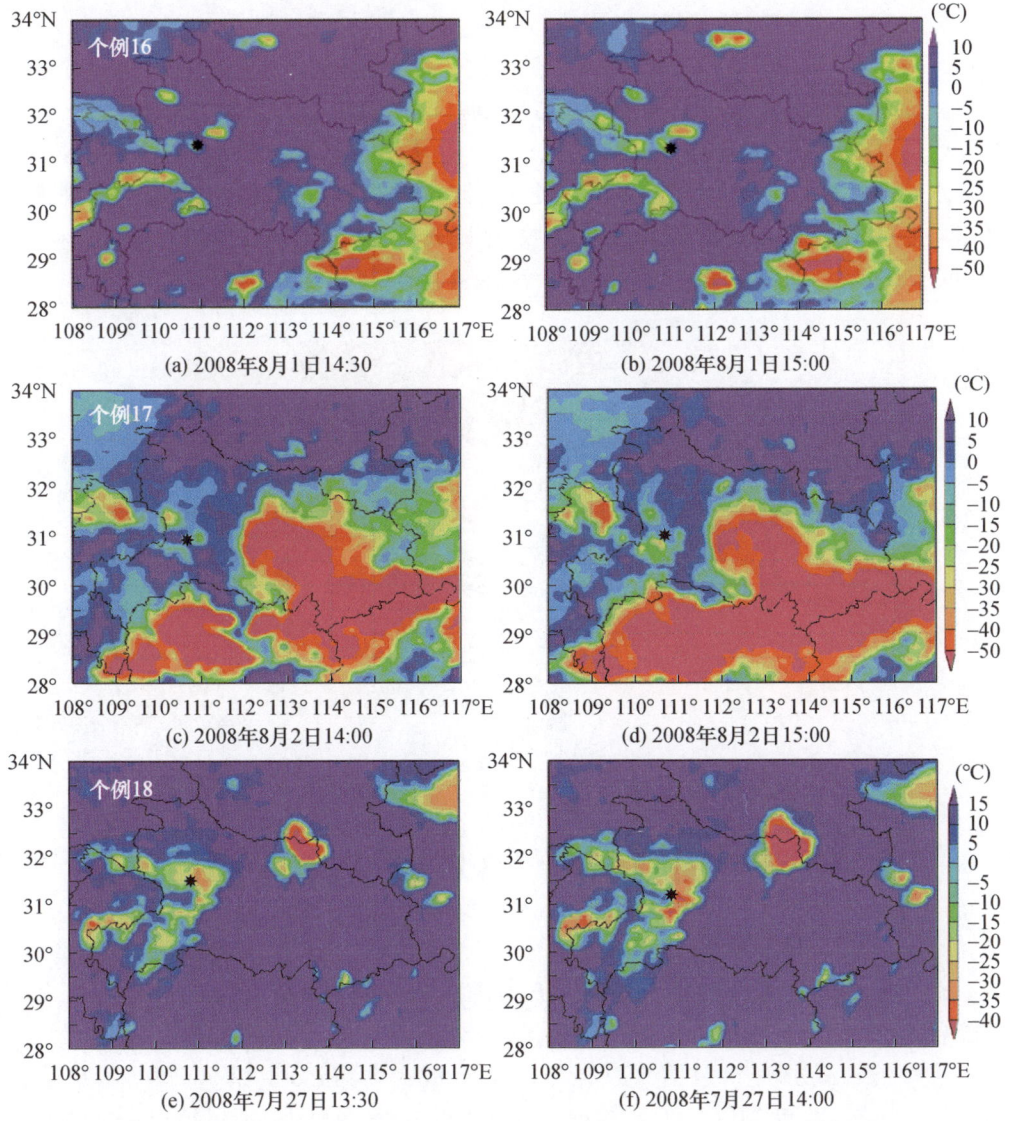

图 4-5　FY-2C 监测的作业前后云顶黑体亮温变化（第 2 章表 2-2 中个例 16～18）(a～f)

4.2.3 微波辐射计的对流云增雨作业条件识别

4.2.3.1 作业条件识别指标

在实时跟踪监测作业前后微波辐射计整层水汽($Vint$)和整层液水含量($Lint$)演变特征基础上,在积状云发展的天气背景下,$Vint$值在高值域(一般为 25 mm 左右)平稳变化,而 $Lint$ 值在低值域(一般为 0.11 mm)平稳变化,只有在降雨前 30 min 左右 $Lint$ 值才开始陡升,但 $Vint$ 值却变化甚微。当 $Vint > 25$ mm,$Lint > 0.13$ mm 时可下达高炮准备作业的指令(唐仁茂 等,2012b)。

4.2.3.2 实例应用分析

当气温在 0 ℃以下,液面饱和水汽压(e_s)>冰面饱和水汽压(e_i)。如图 4-6 所示的微波辐射计反演水汽压分类演变可以看到,0 ℃层以上,绿色填色区($e > e_s > e_i$)主要发生的混合相态云中的演变方式为过冷水滴与冰粒子增长过程,在这种情况下,随着水汽的扩散,水滴与冰粒子同时增长,水滴和冰粒双方都在争取水汽,这种情况可以发生在混合相态云的上升气流区域,即过冷水主要集中在其所对应的 4.3~6 km 范围内。

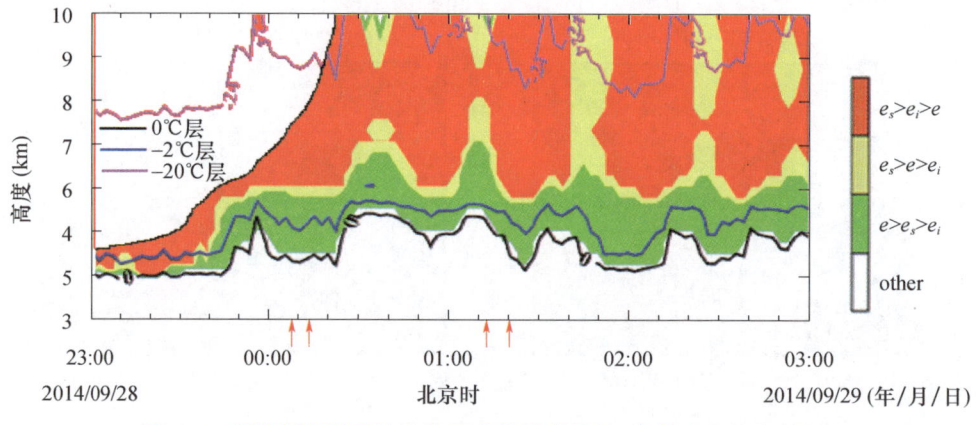

图 4-6 微波辐射计反演水汽压分类演变图(红色箭头为催化时刻)

4.2.4 LAPS 的对流云增雨作业条件识别

4.2.4.1 LAPS 简介

武汉暴雨研究所引进了 NOAA(美国国家海洋大气局)开发的局地分析预报系统(LAPS,Local Analysis and Prediction System),并成功地进行了本地化。该系统将不同格式的资料包括 T213 或 NCEP、多普勒雷达、卫星、GPS/MET、微波辐射计、探空及自动站等多种资料融合同化到 LAPS 网格上,不仅给出一些基本物理量的分析场资料,还可提供一些由分析量导出的衍生产品,包括高度、风、温度、垂直速度、相对湿度、比湿、反射率、云量、云分类、云水含量、云冰、雪含量、雨水含量、云底高度、云顶高度、可降水量、液态水含量、抬升指数、对流有效位能、对流抑制能量、肖沃特指数、K 指数、抬升凝结高度等 33 种产品,其空间分辨率可从 1～48 km,时间分辨率可达 1 h,由于其高精度的时空分辨率,不仅为人工影响天气业务服务和云物理研究提供直观而有效的中尺度分析场,还可为人工影响天气和云降水数值模式提供更加精细的初始场,可以提高对人工影响天气作业对象——云降水结构的认识水平,从而使人工影响天气作业科技水平和服务能力提高成为可能(向玉春 等,2009)。

本研究所用 LAPS 资料时间分辨率为 1 h,空间分辨率为 10 km,顶层积分到 500 hPa。

4.2.4.2 对流云作业条件分析和识别

1. 作业过程

选取 2008 年 6 月 12 日的 10 次作业过程,其中十堰 1 次、宜昌 2 次、恩施 8 次(表 4-2)。

表 4-2 2008 年 6 月 12 日的 10 次作业过程

作业编号	作业时间	作业点	位置(纬度,经度)	作业效果
1	14:18	十堰大柳	33.08 °N,110.74 °E	明显
2	16:55	秭归磨坪	30.816 °N,110.431 °E	明显
3	16:55	秭归两河口	30.822 °N,110.566 °E	明显
4	15:00	鹤峰中营易家台	30.010 °N,109.939 °E	明显
5	15:05	利川石潮水	30.51 °N,108.95 °E	明显
6	16:02	鹤峰中营易家台	30.010 °N,109.939 °E	明显
7	16:25	利川文斗安山	29.92 °N,108.58 °E	不明显
8	17:23	恩施胜家二官寨	30.061 °N,109.235 °E	明显
9	17:40	利川小河	30.08 °N,108.6 °E	明显
10	18:40	来凤革勒	29.549 °N,109.246 °E	明显

2. LAPS 物理量分析

(1)10 次作业过程作业时(或作业前)的 LAPS 温度、高度资料

表 4-3 为 LAPS 的逐小时分析资料。从表中可以看出,作业时(或作业前)云底温度(Tcb)除编号 5 外,其他次作业为 14.5～24.7 ℃。作业编号 1～6 的云顶温度(Tct)为 −46～−42 ℃,编号 7～10 的云顶温度为 −27～−22 ℃。云底高度(Lcb)

最高为 1595 m(编号 1),其中,编号 2~3 和 6 的云底高度(Lcb)在 100 m 以下,编号 8 和 10 在 500 m 以下,编号 1、4、7、9 在 1000 m 以上。编号 1~6 的云顶高度(Lct)相同,且最高为 10957 m。编号 7~8 的云顶高度相近,为 8563 m,编号 9~10 的云顶高度最低,均为 8032 m。0 ℃层高度为 4109~4402 m;−4 ℃层高度为 4751~5050 m;−10 ℃层高度为 5873~6095 m。

表 4-3　LAPS 分析的温度(℃)、高度(m)资料

作业编号	Tcb	tct	Lcb	Lct	0 ℃层高度	−4 ℃层高度	−10 ℃层高度
1	17.4	−46	1595	10957	4109	4751	5873
2	24.7	−44	58	10957	4311	5002	5962
3	22	−44	53	10957	4307	5010	5971
4	19	−42	1170	10957	4402	5050	6066
5	−0.02	−42	937	10957	4305	4946	5974
6	24.7	−42	53	10957	4395	5020	6035
7	14.5	−26	1213	8563	4315	4983	6059
8	21.5	−27	385	8564	4336	4957	6009
9	16.5	−27	1388	8032	4278	4933	6029
10	21	−22	103	8032	4397	4993	6095

除编号 5 云底温度外,其他参数都符合国内研究的作业条件指标。

(2)10 次作业过程作业时(或作业前)的 LAPS 分析的物理量资料

表 4-4 为根据 LAPS 资料分析的 10 次作业过程作业时(或作业前)的总的液态水含量(Lil)、可降水量(TWP)、抬升指数(Li)、沙氏指数(Si)、K 指数(K)和对流抑制能量(Cin)。抬升指数表示条件性稳定度,当其值小于 0 时,大气层结不稳定,且负值越大,不稳定度程度越大。沙氏指数也是反映大气条件性稳定度状况的指数,当其值小于 0 时,大气层结不稳定,且负值越大,不稳定程度越大。K 指数反映大气的层结稳定情况,K 指数越大,层结越不稳定,K 指数大于 20 即可能发生雷暴天气。对流抑制能量表示气块获得对流必须超越的能量临界值,发生强对流 Cin 有一较为合适的值:Cin 太大,抑制对流程度大,对流不容易发生,Cin 太小,不稳定能量不容易在低层积聚,不太强的对流很容易发生,从而使对流不能发展到较强的程度。

表 4-4　LAPS 分析的物理量

编号	Lil(mm)	TWP(mm)	Li(K)	Si(K)	K(K)	Cin(J/kg)
1	5.27	43.1	−1.66	−1.76	39.3	−261.00
2	0.22	47.4	−4.77	−1.39	34.5	−179.00
3	0.22	47.7	−4.67	−1.31	35.1	−181.00
4	0.55	43.9	−4.56	−1.15	29.7	−110.00

续表

编号	Lil(mm)	TWP(mm)	Li(K)	Si(K)	K(K)	Cin(J/kg)
5	0.44	33.3	−4.30	−0.14	34.5	−62.00
6	0.16	44.5	−0.77	−0.79	30.3	−246.00
7	0.29	40.1	4.10	−1.07	33.5	−0.57
8	1.49	40.3	−1.69	−1.68	34.8	−134.00
9	1.78	28.2	−1.39	−4.12	33.9	−45.00
10	1.68	44.1	−4.18	−1.31	36.4	−99.00

①编号1总的液态水含量(Lil)最大,达到5.27 mm,其次为编号9～10和编号8,分别为1.79 mm、1.68 mm、1.49 mm,编号3～5分别为0.55 mm、0.44 mm,编号2～3和编号6～7液态水含量较小,在0.16～0.29 mm之间,可见,液态水含量与雷达回波强度对应较好,编号1、编号4和编号8～10的回波强度大,液态水含量也较大。

②整层可降水量(TWP)编号9最小,仅28.2 mm,另外编号5为33.3 mm外,其他几次作业均在40 mm以上,编号3最大,为47.7 mm。

③10次作业抬升指数仅编号7的抬升指数大于0,为4.1 K,其他均小于0,其中编号4～5和编号10的抬升指数为−4.77～−4.18 K,编号1、编号8和编号10为−2～−1 K,编号6为−0.77 K。说明编号7大气层结是较稳定的。而其他作业大气层结均不稳定,且抬升指数越来越小,层结越来越不稳定,有利于对流发生。

④10次作业沙氏指数均小于0,编号5最大,为−0.14,编号9最小,为−4.12,其他除编号6为−0.77外,其他为−1.76～−1.07,且在作业前,沙氏指数是减小的,说明层结越来越不稳定。

⑤K指数为29.7～39.3 K,编号1最大,其次是编号10,编号4最小。

⑥对流抑制能量编号1最大,为261 J/kg,其次编号6为246 J/kg,作业编号4和编号8为110～179 J/kg,编号7最小,仅0.57 J/kg。也说明编号7不容易产生对流,编号1产生对流最强,编号6也较强。

综上所述,LAPS总的液态水含量、抬升指数、沙氏指数、K指数、对流抑制能量等产品对于对流云有很好的指示作用,液态水含量越大、抬升指数和沙氏指数越小、K指数越大、对流抑制能量较大时,对流越强。

(3)云水含量产品

以十堰大柳(33.08 °N,110.74 °E)作业和秭归磨坪(30.816 °N,110.431 °E)作业为例(图4-7,图4-8)。

①十堰大柳

2008年6月12日14:00在十堰大柳作业点周围上空云水含量丰富,云水含量分布在900～300 hPa之间,主要集中在750～350 hPa之间,最大达到1.4 g/m³。

分析作业点上空作业前后云水含量的变化发现,6月12日13:00各层云水含量为

0.0~0.9 g/m³,有 2 个高值区,一个在 850~700 hPa,含水量为 0.3~0.9 g/m³,属于暖云水,另一个在 550~400 hPa,含水量为 0.1~0.2 g/m³,属于过冷云水,说明云分层,而此时以暖云为主。在 950 hPa 以下、300 hPa 以上、650~600 hPa 均无云水。14:00 仍然有 2 个高值区,但是峰值均有所增大,且较低层的高值区域变大,一个区域在 850~550 hPa,值为 0.30~1.35 g/m³,且 800~550 hPa 的值均增大,另一个区域在 400~350 hPa,区域很小,但是值较大,峰值达到了 1.45 g/m³,超过了低层的峰值,说明对流在发展,云向上伸展了,而且 550 hPa 云内温度为−5 ℃,600 hPa 云内温度为−0.4 ℃,而这两层的云水含量分别为 0.28 g/m³ 和 1.35 g/m³,高度为 4327~5017 m,在高炮、火箭作业射程内,所以适合开展冷云作业。15:00(播云作业后约 40 min),900~450 hPa 高度之间均含云水,850 hPa 高度以下、300 hPa 高度以上的云水含量仍然无变化,600~350 hPa 高度云水含量(属于过冷云水)为 0.63~0.98 g/m³,600 hPa 和 550 hPa 的云水含量分别为 0.63 g/m³ 和 0.78 g/m³,说明冷云范围扩大,而云水含量峰值有所减小,说明播撒的人工冰晶通过贝吉龙过程使过冷水转化成了降水。同时还可以看出,开始催化后约 40 min,云水含量仍然保持较大的值,这是因为此次开展作业的对流云是伴随着中尺度天气条件,因此,其生命期较长,这与美国北达科他浓积云试验所观测的结果也是一致的。

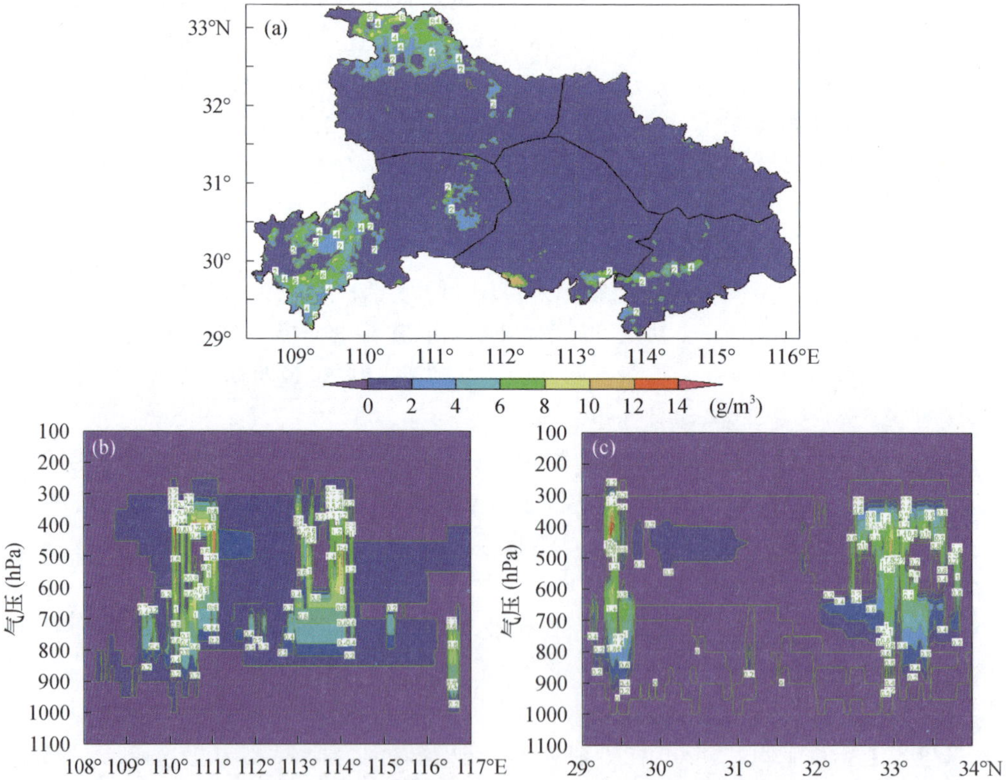

图 4-7 2008 年 6 月 12 日 14:00 十堰大柳上空总的液态水含量(a)沿 33.08 °N(b)、110.74 °E(c)的云水含量垂直剖面(单位:g/m³)

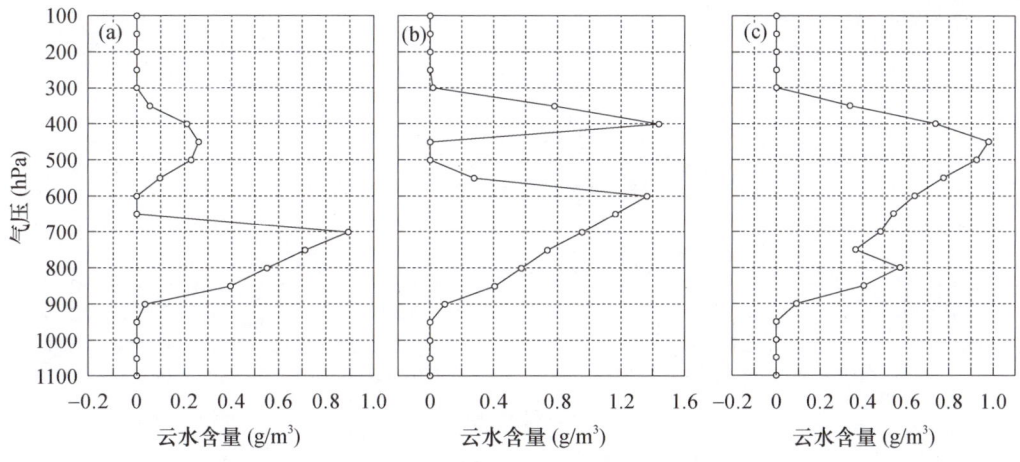

图 4-8　2008 年 6 月 12 日 13:00(a)、14:00(b)、15:00(c)
十堰大柳作业点上空云水含量垂直分布

② 秭归磨坪

对于秭归磨坪,作业点上空云中含水量较少,仅 0.1 g/m³,分布在 550~300 hPa。6 月 12 日 16:00,作业点上空 900 hPa、550 hPa、500 hPa、400 hPa、350 hPa 高度分布有云水,500 hPa 高度层云水含量最大为 0.23 g/m³。到 17:00,900 hPa 云水增多,550、400 和 350 hPa 没变,而 500 hPa 减小了,最大值在 550 hPa,为过冷云水 0.09/m³,说明作业上空可以开展作业,但是作业条件一般。与 17:00 比,18:00 400 hPa 的云水变为 0,450 hPa 的云水含量减少了,其他高度层无变化(图 4-9,图 4-10)。

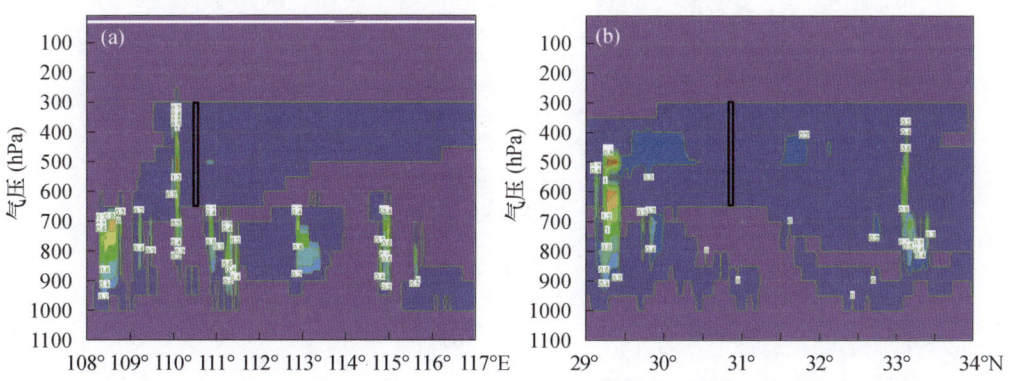

图 4-9　2008 年 6 月 12 日 17:00 沿 30.816 °N(a)、
110.431 °E(b)的云水含量
(单位:g/m³)垂直剖面

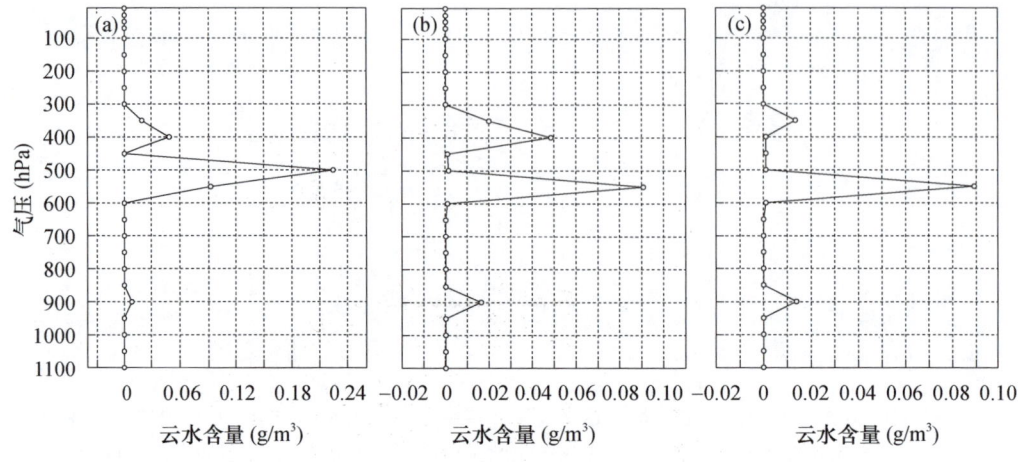

图 4-10　2008 年 6 月 12 日秭归磨平上空 16：00（a）、17：00（b）、18：00（c）云水含量

(4) 垂直速度产品

以作业①十堰大柳（33.08 °N，110.74 °E）和作业②秭归磨坪（30.816 °N，110.431 °E）作业为例（图 4-11）。

十堰大柳作业点上空，各层垂直速度均小于 0，即为上升气流，750 hPa 上升气流最小为 1.43 hPa/s，700～500 hPa 上升气流速度为 1.47～1.53 hPa/s，有利于催化剂向上扩散到过冷云水层。

而秭归磨坪上空垂直速度均为正值，即为下沉气流，不利于催化剂向上扩散，所以播撒催化剂时宜高。

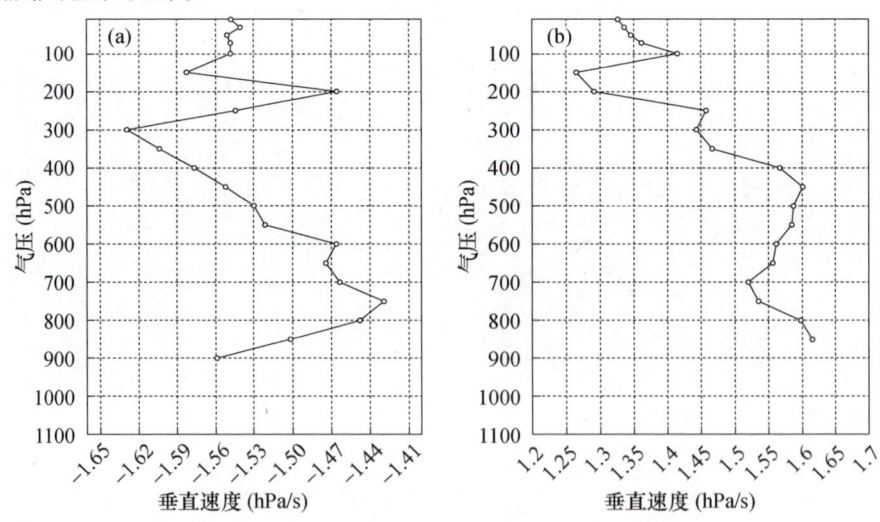

图 4-11　2008 年 6 月 12 日十堰大柳（a）（14：00）、秭归磨坪（b）（17：00）作业前作业点上空垂直速度分布

3. 作业过程雷达监测

恩施、宜昌、十堰三个多普勒雷达站作业时（或作业前）的雷达资料分析结果如图 4-12、图 4-13 所示。

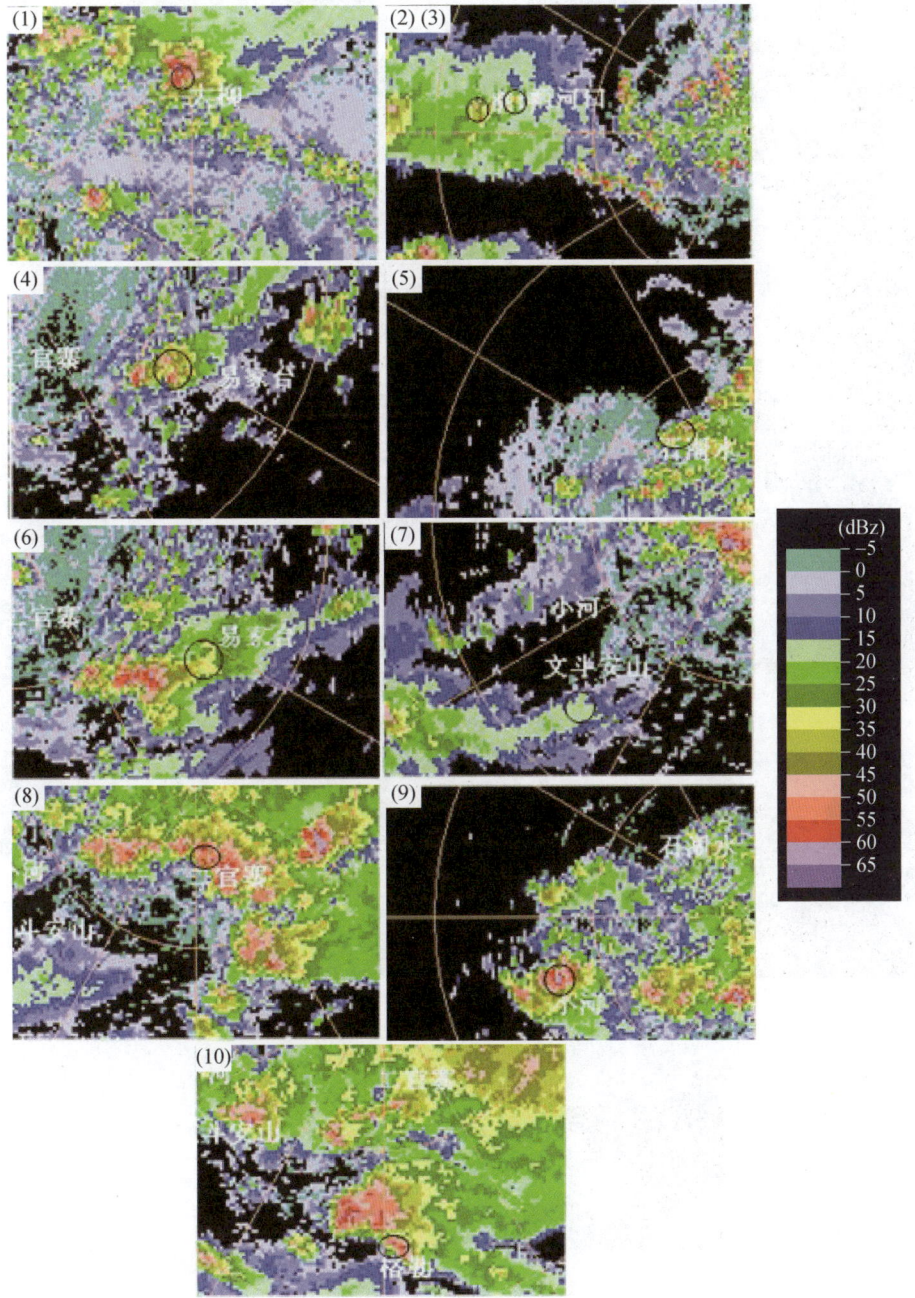

图 4-12　10 次作业过程开始时多普勒雷达组合反射率(1～10)

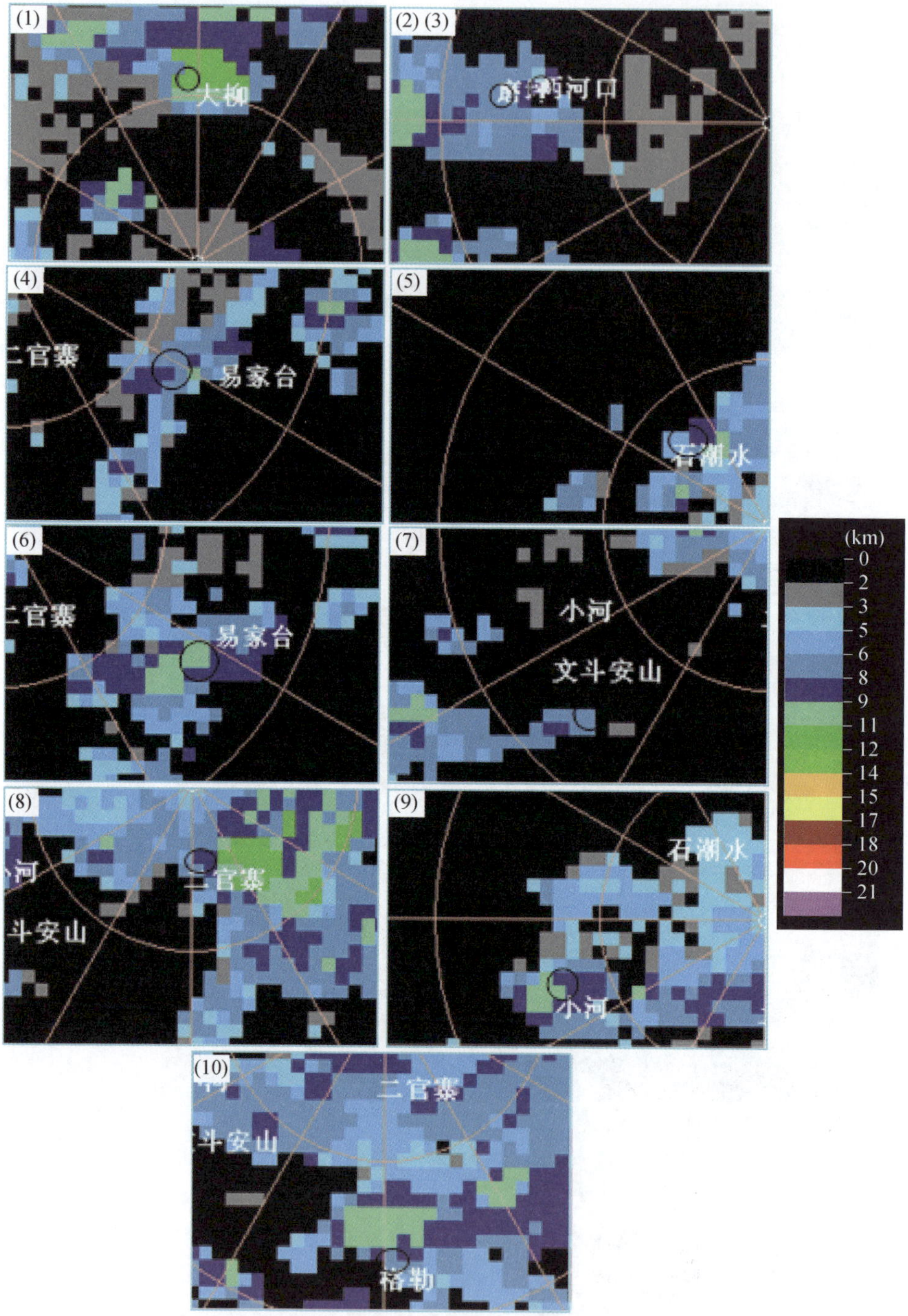

图4-13 10次作业过程作业时回波顶高(1～10)

(1) 回波强度

图 4-12 为 10 次作业过程作业时的多普勒雷达组合反射率,可以看出,有 5 次(编号 1、4、8、9、10)回波强度强,强中心达到 55 dBz 以上,其中编号 4 和编号 9 强中心外围靠近作业点侧有较大面积的 30~40 dBz 的回波。4 次(编号 2,3,5,6)回波强度为 30~40 dBz。作业编号 7 回波强度为 15~20 dBz。

(2) 回波顶高

从图 4-13 可以看出,作业编号 1 回波顶高在 11 km 以上,作业编号 6 和编号 9 这 2 次作业过程回波顶高最高达到 9~11 km,其他 7 次作业回波顶高均为 6~9 km。

4.2.4.3 对流云增雨作业条件(LAPS)

综上所述,可总结出适宜进行对流云人工增雨的 LAPS。
①云顶温度较低、−10~−4 ℃特征高度层适宜;
②抬升指数和沙氏指数较小、K 指数较大、对流抑制能量较大;
③水汽、云水丰沛,若有"播撒—供给"结构清晰则更有利;
④有一定的辐合上升运动。

4.3 小结

本章介绍了风云卫星在作业潜力云分类中的应用,以及多普勒雷达、FY-2 静止卫星、微波辐射计、LAPS 等在对流云作业条件综合识别中的应用。具体结论如下:

(1) 发展旺盛的对流云由于具有"较高的可见光通道反射率、中等偏小的近红外通道反射率以及较低的红外通道亮温"的特征,合成颜色为橙红色。对于对流云增雨潜力区来说,由于具有"中等的可见光通道反射率、中等偏小的近红外通道反射率以及偏低的红外通道亮温"的特征,理论上将体现为中红、中绿、中蓝的融合颜色,实现定性识别。

(2) 通过选取不同高度的云可以得到 Re 随温度(T)的变化曲线,即 T-Re 图,用于分析云中垂直结构。利用 T-Re 的配置关系,可以建立不同的云降水物理过程,包括:凝结增长过程、碰并增长过程、降水(雨胚增长)过程、混合相增长过程、晶化(冰晶)增长过程。

(3) 针对人工增雨作业条件的需求,将 FY-2 静止卫星资料与多普勒雷达、微波辐射计、LAPS 等其他资料进行时空匹配和融合分析,分析作业过程的对流云发展演变规律,优化对流云人工增雨作业条件识别指标。根据上述研究,从云结构、回波结构、不稳定条件、水凝物条件和动力条件等方面提取了对流云作业条件识别指标(表 4-5),利用多源探测资料实时监测寻找作业目标云,指导对流云人工增雨作业。

表 4-5　对流云增雨作业条件识别指标

云结构	云顶高度 ＞4 km	云底高度 ＜2 km	过冷层厚度 ＞2 km	云顶温度 ＜－20 ℃
回波结构	强中心回波 强度≥40 dBz	回波顶高 6.0～8.5 km	最大垂直积分 液态水含量 密度≥14 kg/m²	回波中心位于云体中上部，回波顶部反射率梯度大且向上增长
不稳定条件	K 指数 $K>30$	沙氏指数 $Si<0$	抬升指数 $Li<0$	
水凝物条件	整层水汽 ＞25 mm 平稳变化	整层液态水 ＞0.13 mm 出现陡升		
动力条件	垂直速度＜0			

第 5 章
对流云人工增雨作业方案设计与指挥技术

对流云生消较快,跟踪监测对流云,当遇到合适作业条件时,采用合适作业方案和跟踪指挥显得至关重要,而在实际作业过程中,如果地面作业缺少科学的方案设计,将会给作业效果大打折扣。本章利用地面火箭和高炮作业效果统计分析和技术优化研究、多单体对流系统云水资源开发技术等研究结果,归纳总结地面对流云人工增雨作业方案设计和指挥技术。

5.1 对流云增雨作业方案设计

在对流云人工增雨催化方案设计方面,首先采用模糊逻辑方法自动识别作业云和非作业云技术,然后为了分析地面高炮和火箭作业效果,优化地面作业技术,随机抽选了 26 次湖北省地面高炮和火箭增雨作业个例,采用高炮点源、火箭线源扩散和平流输送方法选取目标区,再确定对比区,并利用区域多参量动态对比方法分析催化作业前后雨量和雷达组合反射率等参量的物理检验结果,归纳总结出对流云作业方案设计方法。

5.1.1 雷达自动识别作业云和非作业云技术

5.1.1.1 技术方法

利用多年的湖北省多普勒雷达合成的三维拼图数据以及区域站分钟降水和探空资料,分析含组合反射率、回波顶高等在内的 33 个雷达参数与降水的相关性,选择相关性好的平均反射率(回波底至回波顶的反射率平均值)、过冷层厚度(回波顶高与 0 ℃层高度之差)、30 dBz 云体质量(根据 SCIT 算法计算出 30 dBz 风暴段云体质量)等多个参数作为梯形函数的隶属函数对参数进行模糊化。再根据各参数的相关系数,计算各参数的贡献率,建立判定方程,自动区分出潜在作业目标云和非目标云(对流单体)。概念模糊逻辑方法如下:

$$T(x,x_1,x_2) = \begin{cases} 0 & x \leqslant x_1 \\ \dfrac{x-x_1}{x_2-x_1} & x_1 < x \leqslant x_2 \\ 1 & x > x_2 \end{cases} \quad (5-1)$$

其中 x 为识别参数，x_1、x_2 为参数门限值。对于平均反射率，$x_1=15$，$x_2=35$；对于过冷层厚度，$x_1=3$，$x_2=6$；对于 30 dBz 云体质量，$x_1=300$，$x_2=500$；对于回波顶高，$x_1=4$，$x_2=7$。最后求得一个总的条件概率：

$$P = \sum_{i=1}^{n} w_i P_i \quad (5-2)$$

式中 P_i 为参数对判定为作业云和非作业云的贡献率，w_i 为各参数的权重，所有参数的权重和为 1。这里所有的参数的权重都取 0.25。计算结果得到一个作业云和非作业云条件概率，在这里取 $P \geqslant 0.5$ 时为作业目标云，否则为非作业云。

5.1.1.2 典型个例应用

从雷达组合反射率因子看到，2014 年 9 月 29 日 00:03（图略），武汉及周边对流单体有 29 个，其中新生单体占 40% 左右；作业后 00:12（图 5-1a），许多对流云单体组成了西南—东北向带状回波，回波带位于洪湖—黄陂—红安一带，强回波中心强度达 45~55 dBz，回波顶高达 10 km 左右，且对流单体处于发展阶段活跃期；01:17（图 5-1b）对流单体集中在武汉地区境内，达 16 个。采用雷达自动识别作业云和非作业云技术以后，自动挑选出了 4 个作业目标云（李德俊 等，2016b）。

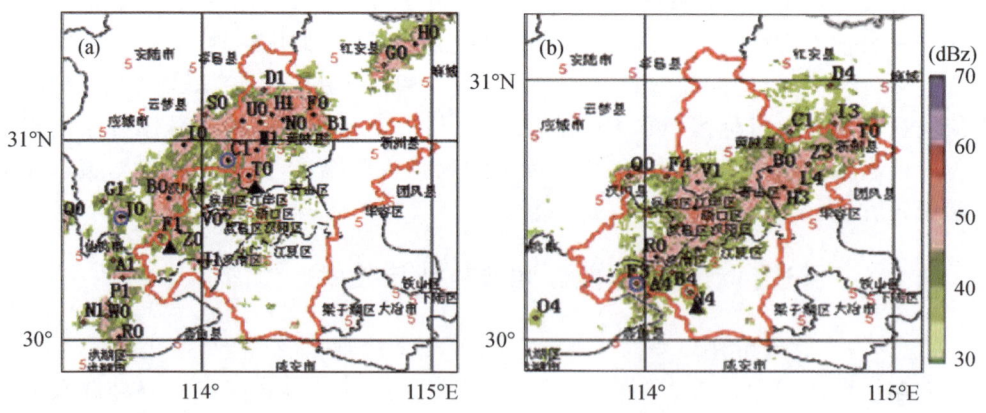

图 5-1　2014 年 9 月 29 日 00:12(a) 和 01:17(b) 催化时对流单体和作业点分布
（▲为作业点，红色圆圈为目标云，蓝色圆圈为对比云）

5.1.2　地面高炮和火箭增雨作业效果分析及技术优化研究

相对于飞机增雨作业而言，地面高炮和火箭增雨作业时间短和作业影响范围小，播撒催化剂沿风向风速平流作用扩散为主，在侧风方和上风方容易找到与对比区近似的背景条件,开展物理检验优势非常明显。许多研究者也根据各地增雨作业特点进行地面高炮和火箭增雨作业物理检验(袁野 等,2008;王以琳 等,2018;贾烁 等,2016;姚展予 等,2017;祝晓芸 等,2017),取得了一些成果。唐仁茂等(2009,2010)针对人工增雨作业效果的物理检验,提出了自动选取对比云进行对流云作业效果物理检验的方法,且利用雷达、卫星等多种探测资料在人工增雨作业效果物理检验中进行了简单应用。李德俊等(2016b)发现催化作业对延长目标云寿命和最大回波顶高的持续时间,增大云的强回波面积起了一定的积极作用。但上述分析大多基于个例的对比分析,缺乏统计代表性,且上述这些方法针对催化剂在云中的扩散与移动过程考虑较少,很难得到普适性的结论。针对这些问题,随机选取 2015—2017 年湖北省 312 次地面高炮和火箭增雨作业中的 10 个过程 26 次地面火箭和高炮增雨作业个例,采用高炮点源、火箭线源扩散和平流输送方法选取目标区,再确定对比区,并利用区域多参量动态对比方法,从不同云系、作业工具、作业方式和作业剂量等多方面分析催化作业前后物理检验结果。同时,依据检验结果选择最优催化方式和剂量等指标指导云水资源开发,优化了 2018—2019 年 5 个增雨作业过程 11 次云水资源开发技术。

5.1.2.1 资料和方法

1. 资料

随机选取了 2015—2017 年湖北省的 10 次过程,26 次作业,抽选个例占比 8.3%(26/312)。这里随机抽选主要是指事先没有按剂量和云条件进行挑选,在上报作业信息里随机挑选了既有高炮作业的,又有火箭作业的,既有连续多点、多次作业的(两次作业时间间隔半小时之内),又有单次作业,其中十堰、武汉、宜昌等地 18 次地面火箭作业和宜昌等地 8 次高炮作业。具体作业信息见表 5-1。

2. 地面高炮和火箭作业催化剂扩散计算方式

地面高炮和火箭作业催化剂扩散计算方案参考周毓荃等(2014)的研究结果,其中高炮作业为瞬时点源,火箭作业为瞬时线源。扩散系数取值为 $Kh=70\ m^2/s$,$Kv=35\ m^2/s$ 和 $Kh=140\ m^2/s$,$Kv=70\ m^2/s$ 进行计算。

3. 多参量区域动态对比物理检验方法

(1)影响区选择

影响区按照上述地面高炮点源和火箭线源催化扩散规律、有效范围、作业设计方法和催化层主导风向等来确定(图 5-2a),催化带随平流风向下风方向移动,催化带范围变大,浓度降低。图 5-2b 以 2017 年 7 月 28 日堵河流域三个作业站点火箭作业为例,当时催化层高度为 4500~5500 m,主导风为 298°西北风,平均风速为 7 m/s,火箭作业前 1 h 与作业后 1~4 h 影响区移动位置见图 5-1b。顺着主导风向在影响区作业后 1 h、2 h、3 h 和 4 h 影响区由西北向东南移动 25.2 km(3600 s×7 m/s=25.2 km)、50.4 km、75.6 km、100.8 km。作业前 1 h 按照作业后 1 h 催化剂扩散距离向前平移得到,作业后 2 h、3 h 和 4 h 影响区和对比区也按此方法平移得到。

表 5-1 2015—2017 年湖北地区区域多参量动态对比法检验个例统计表

序号	作业点编号	日期（年月日）	作业时段（北京时）	作业工具	用弹量	作业云系	K值 T−1h	T	T+1h	T+2h	T+3h	T+4h	平均
1	420526006	20150911	11:07—11:10	高炮	35	积层云	0.7	0.8	1.1	1.6	1.1	0.9	1.2
2	420526005	20150917	18:14—18:18	高炮	40	积层云	0.7	0.8	0.8	1.0	0.9	0.8	0.9
3	420528001	20150924	12:33—12:35	火箭	4								
4	420526007	20150924	17:02—17:07	高炮	35	积层云	0.9	1.1	1.3	1.3	1.1	2.9	1.7
5	420526006	20160825	16:56—17:01	高炮	30								
6	420526005	20160825	16:25—16:30	高炮	30	积层云	0.5	0.7	0.7	2.2	2.7	0.5	1.5
7	420381001		22:02—22:03	火箭	4								
8	420381002	20160825	22:03—22:04	火箭	4	积层云	0.0	1.5	0.7	1.2	1.2	0.7	1.0
9	420381003		22:03—22:04	火箭	4								
10	420381001		00:20—00:25	火箭	2								
11	420381002	20160925	00:20—00:25	火箭	2	积层云	1.5	1.5	1.7	1.4	0.8	2.5	1.2
12	420381003		00:05—00:10	火箭	2								
13	420526005	20160925	16:15—16:20	高炮	40	层状云	0.7	2.2	1.0	0.0	0.0	0.0	0.3
14	420526006	20161010	15:30—15:32	高炮	40	层状云	2.0	0.6	1.6	1.6	1.4	1.4	1.5
15	420526007		15:35—15:43	高炮	51								
16	420115001	20170221	16:00—16:07	火箭	4	积层云	0.7	0.7	3.0	0.6	0.9	1.6	1.5
17	420117005		22:02—22:08	火箭	2	积层云	0.3	0.9	1.3	1.3	1.1	0.5	1.1
18	420115001	20170312	12:51—12:54	火箭	4		2.3	1.5	0.6	1.4	0.6	0.6	0.8
19	420117005		23:40—23:45	火箭	2	积层云	0.8	0.7	1.3	1.2	1.3	0.7	1.1

续表

序号	作业点编号	日期（年月日）	作业时段（北京时）	作业工具	用弹量	作业云系	K值 T−1h	T	T+1h	T+2h	T+3h	T+4h	平均
20	420325011		14:21—14:24	火箭	2	对流云	0.2	11.5	2.5	1.7	0.0	0.0	1.1
21	420324002	20170728	14:22—14:27	火箭	3	对流云	0.0	0.0	80.0	3.1	0.0	0.0	20.8
22	420324007		14:06—14:11	火箭	2	对流云	0.0	0.8	2.2	1.6	0.0	0.0	1.0
23	420381001		06:52—06:56	火箭	3								
24	420381002		07:06—07:09	火箭	5	积层云	0.6	0.7	0.7	2.5	5.0	1.0	2.3
25	420381003	20170730	06:38—06:42	火箭	5								
26	420381007		07:11—07:13	火箭	5								

注：T 表示作业时，$T-1\text{h}$ 表示作业前，$T+1\text{h}$，$T+2\text{h}$，$T+3\text{h}$ 和 $T+4\text{h}$ 分别表示作业结束后 1 h，2 h，3 h，4 h，平均为作业结束后 1～4 h 的平均 K 值

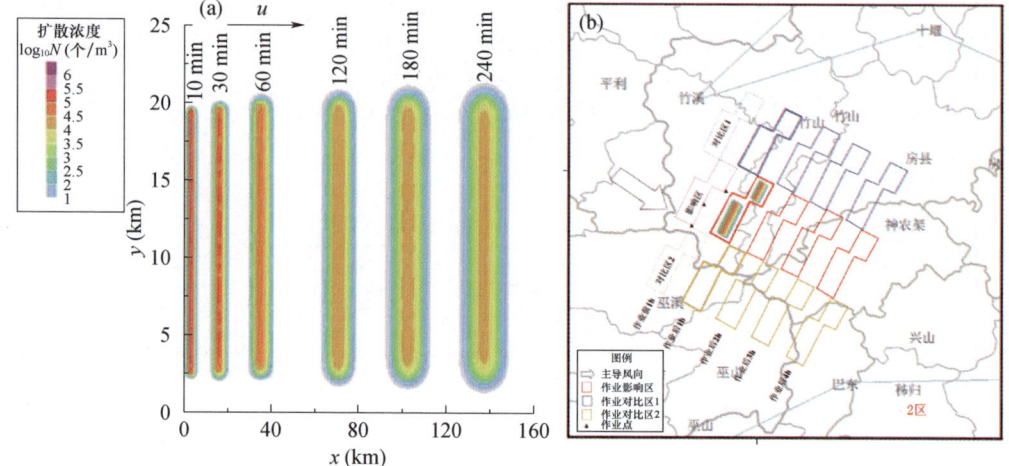

图 5-2　平流下火箭单线作业(a)，作业前 1 h 与作业后 1~4 h 影响区和对比区移动位置(b)

（2）对比区选择

垂直主导风向平行影响区一前一后各选择了一个对比区，分别记为对比区 1 和对比区 2，区域范围与影响区大小相同，分别记为对比区 1 和对比区 2（见图 5-1）。这样选取可以保证对比区与目标区为同一类型云系，且满足叶家东等（1979）提出的以下 4 个条件。

①不受催化的影响。考虑催化层风向，对比区应选择在上风方或垂直于风向的侧面。

②地形、面积与目标区大体相仿。这主要为了地形对两区雨量的影响都差不多。

③试验期两区所受的天气系统影响相同，两地降雨类型相类似，反映在雨量上就是对比区的雨量与目标区雨量密切相关。

④对比区与目标区一样，应有较稠密的雨量站网。

对于对流云和积层混合云来说还需检查：(a)作业区是否同回波一直移动；(b)对比区是否有回波，该回波是否同对比区一起移动。

⑤多参量值比较

$$K_S = \frac{\overline{P}_{影响区}}{\overline{P}_{对比区}} \quad (5\text{-}3)$$

参量 P 可选取逐时段（1 min、1 h）催化剂扩散区域平均的雨量 R、组合反射率 CR 等有具体物理意义的。考虑各参量物理意义及 K 值大小，对作业效果进行物理检验。

5.1.2.2　合理性检验

随机挑选了 2015 年 9 月 24 日宜昌长阳 1 次、2016 年 8 月 25 日和 2016 年 9 月 25 日十堰丹江口 2 次作业、2017 年 7 月 28 日十堰竹溪 1 次作业，分别叠加弹道曲线和雷达垂直剖面（图 5-3），合理性检验发现作业时机（仰角、方位角、作业高度、弹道路径和催化剂扩散程度）合格。

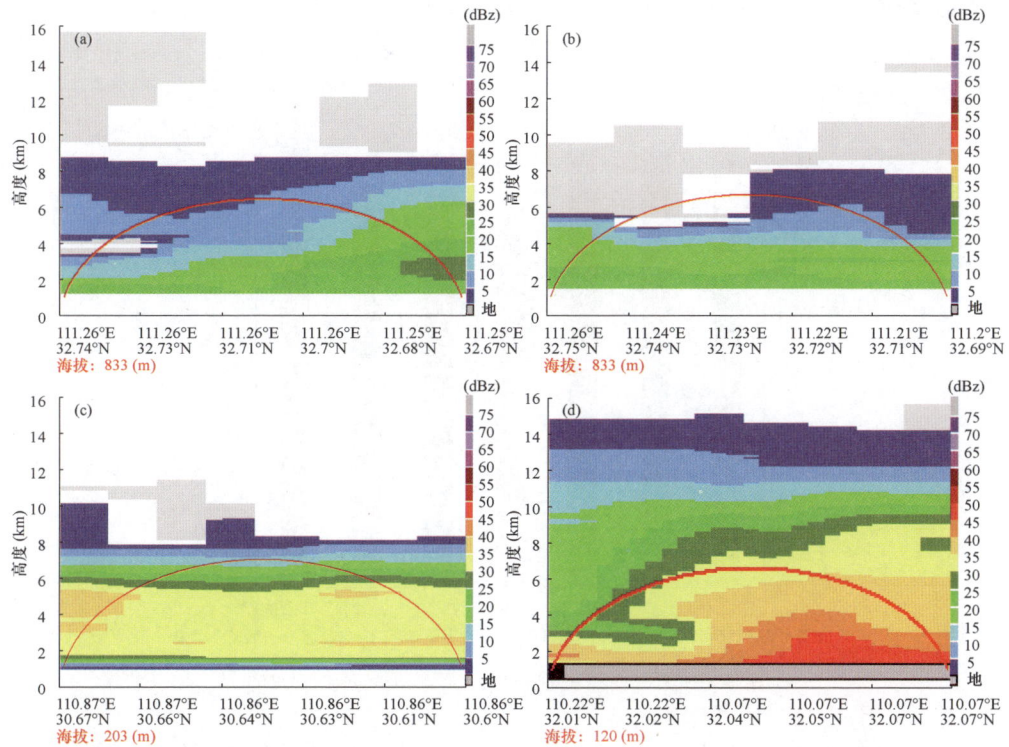

图 5-3　四次作业弹道曲线（a. 2016 年 8 月 25 日丹江口 420381001 作业点；b. 2016 年 9 月 25 日丹江口 420381002 作业点；c. 2015 年 9 月 24 日长阳 420528001 作业点；d. 2017 年 7 月 28 日竹溪 420324007 作业点）

5.1.2.3　区域多参量动态对比法评估检验结果

1. 雨量 K_S 值总体情况

从表 5-1 可以看出，对不同云系来说，湖北省地面单个作业点作业 K_S 值平均为 0.2～13.8，其中层状云增雨 2 次为 0.3（2016 年 9 月 25 日）～1.5（2016 年 10 月 10 日），平均值为 0.9，积层混合云作业 19 次为 0.9～2.35，平均值为 1.3，对流云作业三次 1.0～20.8，平均值为 4.13，其中对流云作业 K_S 值变幅很大。雨量 K_S 值分布频数统计情况，如下所示。

2. 雨量 K_S 值分布频数统计

根据表 1 统计出了 K_S 值分布频数，从图 5-4 可见雨量影响区与对比区在作业后 3 h 内平均 $K_S \geqslant 1$，占 88.4%（23/26），其中增雨作业后 1～2 h 的增雨次数（平均 $K_S > 1$）达到 22 次，然而 3 h 后继续保持 $K_S \geqslant 1$ 所占比例下降至 42%（11/26）；作业后 1～2 h K_S 值最大，前后递减，作业后 1 h、2 h、3 h 雨量 K_S 值达到最大然后减少，分别有 6 次、4 次和 1 次，各占比为 23%、17% 和 4%；从作业前后雨量 K_S 值分布频数看，作业后 K_S

值明显增加，大部分集中在 $1.0 \leqslant K_S \leqslant 2.0$ 范围，所占比率为 69.2%(18/26)，$K_S > 2.0$ 所占比例也达到了 19.2%(5/26)，其中作业结束后 2 h($T+2$ h)$K_S \geqslant 1.0$ 占比 92%(24/26)，远超 $T+1$ h 和 $T+3$ h 时段。

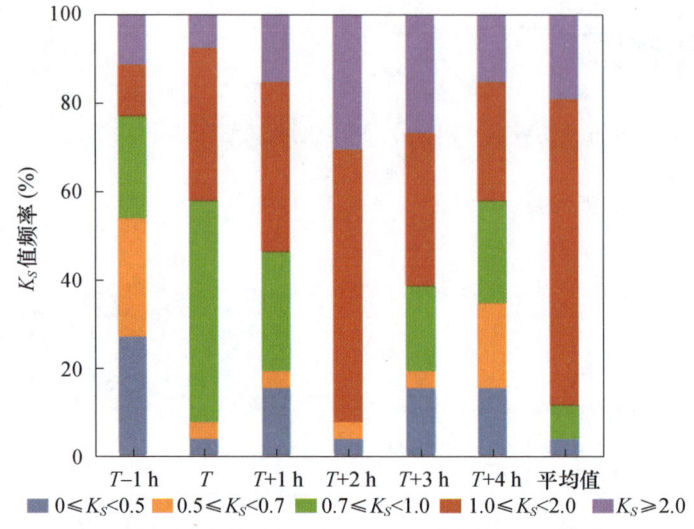

图 5-4　湖北地面催化作业后雨量 K_S 值频率分布

不同的作业方式、作业工具，以及作业剂量对 K_S 值结果都会产生影响，下面分别从这些方面入手具体分析对 K_S 值的影响。

3. 不同作业方式的 K_S 值对比

作业方式主要是在同一区域，作业点相隔 15~30 km，连续作业(时间间隔≤0.5 h)，分别划分为单点单次作业，以及二次、三次和四次连续作业。随机抽选的个例中四种类型作业个例分别为 6 次、2 次、4 次和 1 次。通过对比发现，单点单次催化作业以后 $T+1$ h 时刻 K_S 值即达到峰值 1.5，然后逐渐减少，整体 K_S 值较小，平均 K_S 值范围为 0.3~1.5 (图 5-5a)。从图 5-5b 图 5-5 d 可见，二次连续作业以后，K_S 值在 $T+2$ h 达到峰值以后减少趋势不明显，平均 K_S 值范围为 1.4~1.6；三次连续作业以后，从 $T+1$ h~$T+3$ h 时段连续增加，$T+3$ h 达到峰值 2.7，平均 K_S 值范围为 1.1~2.7；四次连续作业以后，从 $T+1$ h~$T+3$ h 时段迅速增加，$T+3$ h 达到峰值 5.0，平均 K_S 值范围为 0.7~5.0。通过对比连续多次作业与单点单次作业 K_S 值比较发现，前者要高，增雨作业效果非常明显。

4. 不同作业工具的 K_S 值结果

高炮、火箭等不同播撒方式导致催化剂以点源、线源等形式在静止和平流不同云区情况下的扩散范围和浓度分布等不同，必然导致作业效果或多或少有所不同。从图 5-6a 和图 5-6b 对比分析高炮和火箭作业 K_S 值结果可见，同时段比较火箭增雨作用比高炮更明显，主要表现为：(1)增雨效果快，$T+1$ h 时段 $K_S \geqslant 1$ 频数火箭比高炮高 5.6%；(2)增雨率大，$T+1$ h~$T+4$ h 时段火箭均有 $K_S \geqslant 2$ 出现，而高炮仅在 $T+2$ h、$T+3$ h 时段出现，且

火箭在 $T+1\text{ h} \sim T+3\text{ h}$ 出现 $K_S \geqslant 2$ 的频数较高炮高出 30% 左右。作业结束后 3 h 内平均 $K_S \geqslant 1$ 火箭和高炮所占比例分别为 83%(15/18)、75%(6/8),火箭比高炮高 6%~9%,其中结束后 0~1 h,火箭和高炮 $K_S > 1$ 所占比例分别为 56%(10/18)、50%(4/8),$T+2\text{ h}$ 火箭和高炮 $K_S > 1$ 所占比例分别为 94%(17/18)、87%(6/8)。

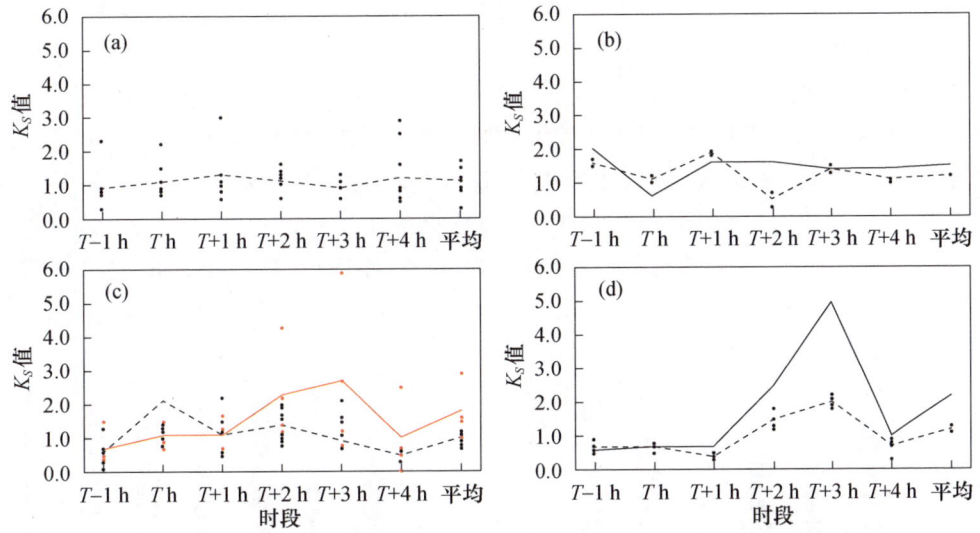

图 5-5　不同作业方式 K_S 值变化趋势(a 为单次作业,b 为二次连续作业,c 为三次连续作业,d 为四次连续作业)(黑点和红点为单次和连续作业 K_S 值分布,实线和虚线分别为连续作业和单次平均值曲线)

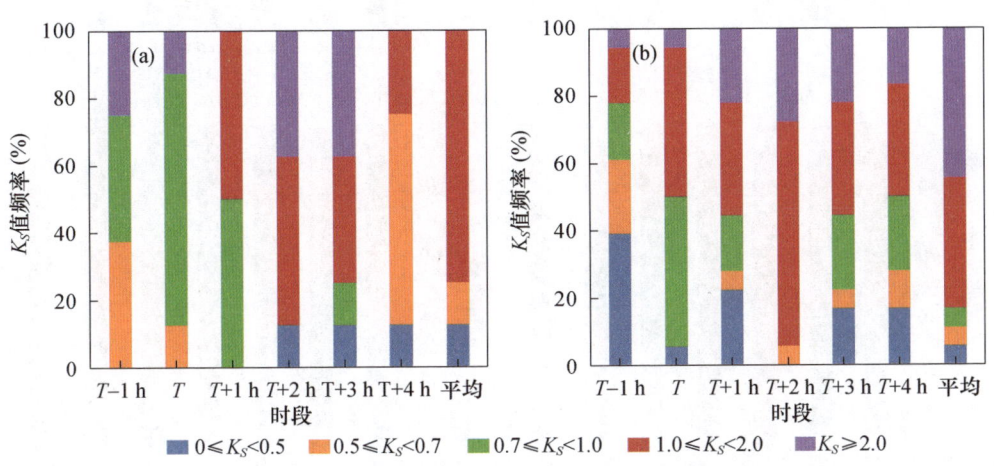

图 5-6　湖北地面火箭和高炮催化作业后雨量 K_S 值频率分布
(a 为高炮作业,b 为火箭作业)

5. 不同剂量的 K_S 值对比

不同的剂量对增雨效果会产生比较明显的影响,从表 5-1 统计 26 次地面增雨个例,其中高炮作业平均用弹量约 38 发,火箭用弹量约 3.5 枚,高炮作业有一次作业后减雨,一次作业无效果。为了统计方便将高炮和火箭用弹量各分两档,具体为高炮弹使用量 $N \leqslant 35$ 发和 $N > 35$ 发两档,火箭弹使用量 $N \leqslant 2$ 枚和 $2 < N \leqslant 5$ 两档,进行对比分析找出不同剂量对 K_S 值的影响。

从图 5-7a 和图 5-7b 可以看出,单次作业高炮弹使用量 $N \leqslant 35$ 发比 $N > 35$ 发增雨率高,作业前 $T-1$ h 时段以 $0.5 \leqslant K_S < 0.7$ 为主,作业结束后 $T+2$ h 出现 $K_S \geqslant 2$ 的比率为 75%,且平均 K_S 均大于等于 1,而 $N > 35$ 增雨率只有 50%。从图 5-7c 和图 5-7c 可以看出,单次作业来说,$T+1$ h 时段火箭弹 $N \leqslant 2$ 比 $2 < N \leqslant 5$ 枚增雨率要高,此时前者 $K_S \geqslant 1$ 频数为 100%,后者仅为 30%,而随后 $T+2$ h~$T+4$ h 时段火箭弹 $2 < N \leqslant 5$ 比 $N \leqslant 2$ 枚增雨率要高,前者平均 $K_S \geqslant 1$ 频数为 78%,后者仅为 49%,$T+1$ h~$T+4$ h 时段整个平均下来,前者平均 K_S 为 3.33,后者仅为 1.13。

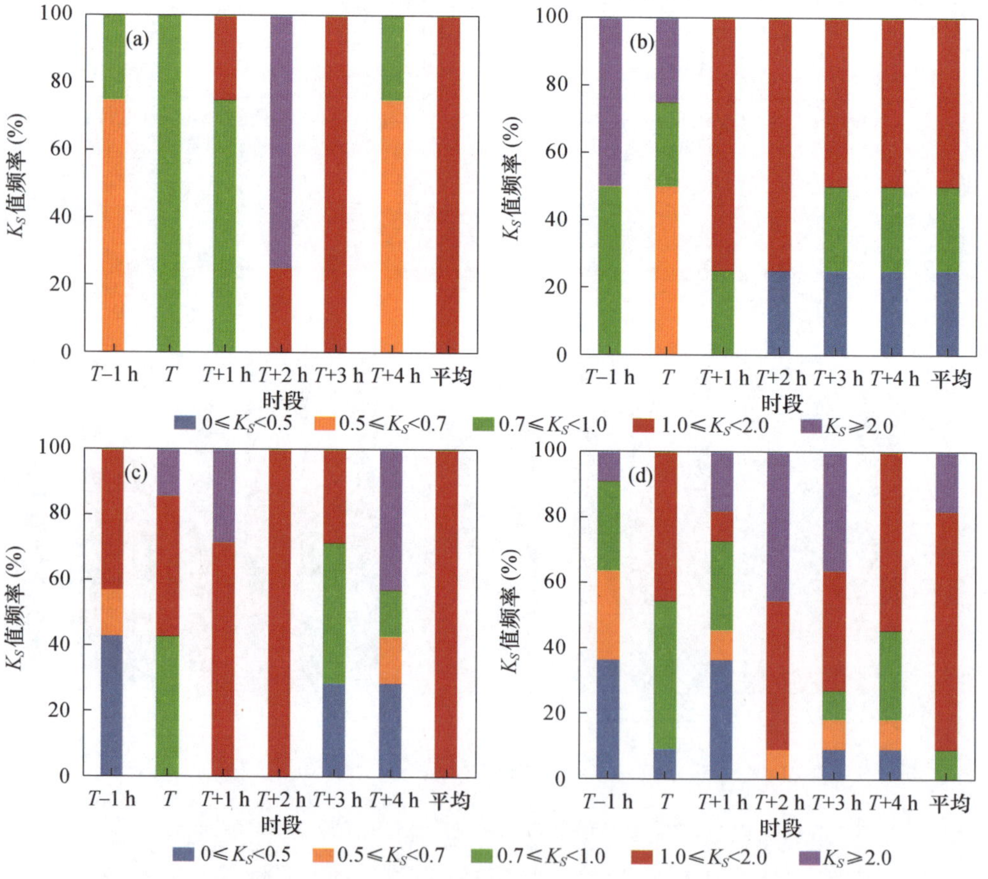

图 5-7 湖北地面火箭和高炮不同剂量雨量 K_S 值频率分布(a 和 b 分别为发射炮弹 1~35 发和 35 发以上的高炮作业;c 和 d 分别为发射 1~2 枚和 3~5 枚火箭弹的火箭作业)

上述分析,发现单次高炮作业剂量 $N \leqslant 35$ 发、单次火箭作业火箭弹 $2 < N \leqslant 5$ 枚剂量为充分播撒,能起到很好的增雨效果。如同一地区同一云系,用弹量达到充分播撒剂量的 K_S 值最大,以十堰丹江口市积层混合云作业个例来说,同一个区域,三个作业点间隔 15~45 km,每个作业点分别用了 3 枚、5 枚、5 枚火箭弹,作业后平均 K_S 值前者为 1.2,而后者为 2.2,超过了前者 83.3%。

6. 雷达组合反射率 K_S 值分布

从图 5-8 和图 5-9 可见,雷达组合反射率 K_S 值与雨量 K_S 值有点类似,雨量 K_S 值大,雷达组合反射率 K_S 值也大,但是很少超过 4。

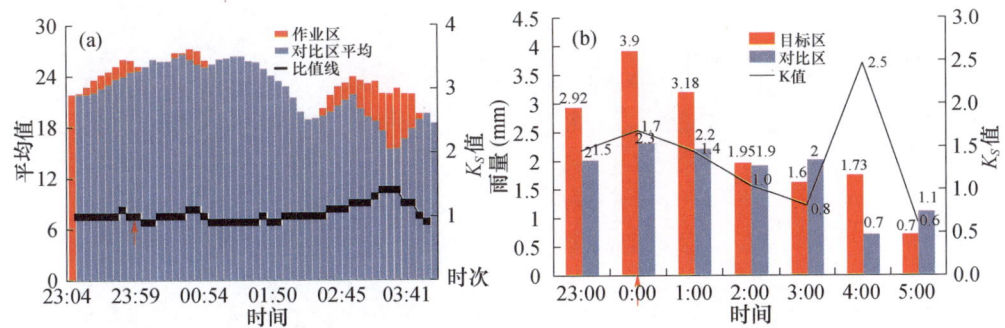

图 5-8　2016 年 9 月 25 日十堰丹江口三个作业点作业个例,
(a)组合反射率的 K_S 值,(b)雨量的 K_S 值
(红色箭头为作业时刻)

从图 5-9 还可以发现,当作业结束后 1 h 左右,作业区组合反射率与对比区变化趋势一致,超过 1.5 h 作业区与对比区组合反射率开始下降,但前者的下降速度和持续时间远超对比区的,从而产生持续增雨效果。

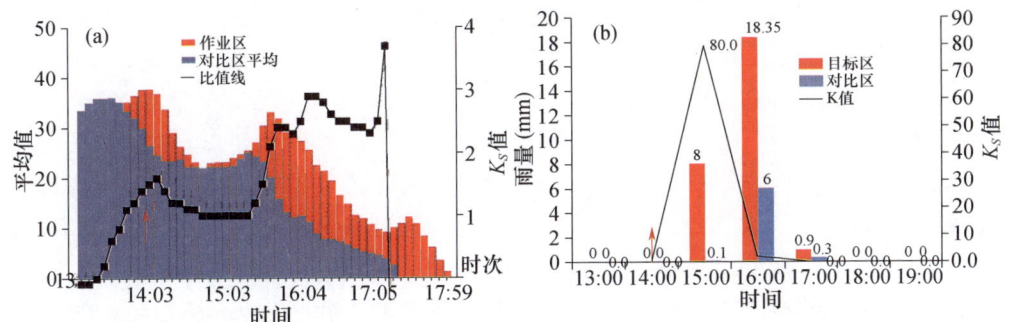

图 5-9　2017 年 7 月 28 日十堰竹溪 420325011 作业个例,
(a)组合反射率的 K_S 值,(b)雨量的 K_S 值
(红色箭头为作业时刻)

7. 增雨量计算

考虑催化剂在云中的响应时间以及作业前 1 h 和作业时雨量 K_S 值的变化趋势(图 5-10),计算作业后 1~3 h 可能带来的增雨效果,虚线表示按 $T-1\ h \sim T$ 的 K_S 值变化趋势拟合曲线,假定为还未催化作业的自然变化,按照此趋势变化下去,$T+1\ h \sim T+3\ h$ 的 K_S 值分别为 1.19、1.34 和 1.49,但是实际 K_S 值分别增加了 0.03、0.2、0.23,平均增加 0.15,与增雨作业时 K_S 值对比,初步计算地面增雨效果约 14.4%(0.15/1.04)。

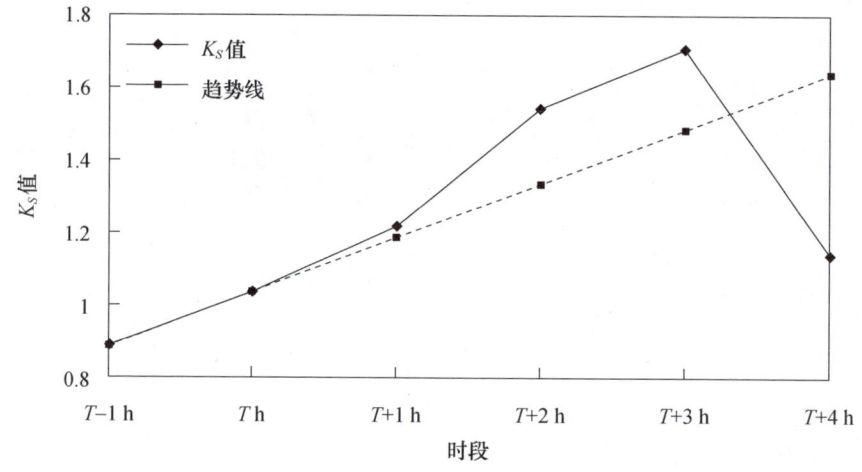

图 5-10 湖北省地面作业 K_S 值随作业时间的变化及趋势

5.1.3 优化云水资源开发技术

上述地面效果检验结果表明,多次连续和合适催化剂量作业有明显的增雨效果。依据这个结果对 2018—2019 年地面高炮和火箭作业进行了科学设计,在作业条件满足情况下,根据系统来向和云团移动路径上进行多次连续催化作业,且单次高炮作业剂量 $N \leqslant 35$ 发、单次火箭作业火箭弹 $2 < N \leqslant 5$ 枚剂量为充分播撒,能起到很好的增雨效果。

对 2018—2019 年丹江口水库汇水区(十堰堵河流域)5 次过程 11 次地面高炮和火箭作业进行了科学设计(见表 5-2),优化了地面高炮和火箭云水资源开发技术,其验证结果如表 5-2 所示。从表 5-2 可见,多次连续作业 $K_S > 1$ 一般延续作业后 3~4 h,11 次作业的平均雨量 K_S 值为 1.75,与 2015—2017 年平均 K_S 值(1.2)相比,提高了 41.7%,增雨效果明显,同时与同期 5 次未优化的云水资源开发过程平均 K_S 值(0.9)相比,提高了 94%。

表 5-2　2018—2019 年 5 个优化技术作业过程和 5 个未优化作业过程统计

序号	时间（年月日）	作业点	作业工具	用弹量	作业云系	K值 T−1h	T	T+1h	T+2h	T+3h	T+4h	平均	备注
1	20180726	420304001	高炮	15	积层云	0.4	1.4	2.8	1.5	1.6	1.1	1.75	优化
2	20180726	420304009		24									
3	20190514	420381013	火箭	4									
4	20190514	420381008	火箭	4	积层云	0.3	0.7	1.5	1.2	1.3	1.2	1.3	优化
5	20190518	420381007	火箭	4									
6	20190518	420381002	火箭	5	层状云	2.0	1.2	2.7	1.6	2.8	1.3	2.1	优化
7	20190605	420381003	火箭	5									
8	20190605	420381001	火箭	4	层状云	0.2	0.3	1.2	1.9	1.4	1.1	1.4	优化
9	20190628	420381002	火箭	4									
10	20190628	420381001	火箭	2	积层云	0.6	0.8	1.9	1.6	1.4	0.0	1.5	优化
11	20180809	420381002	火箭	2									
12	20180809	420324003	火箭	3	积层云	0.8	1.2	1.3	1.0	1.0	/	1.1	未优化
13	20180816	420324003	火箭	2	积层云	1.7	1.0	2.2	0.5	1.0	/	1.23	未优化
14	20180817	420324003	火箭	2	积层云	1.3	13.7	1.6	2.4	0.1	0.0	1.03	未优化
15	20190320	420324009	火箭	2	积层云	0.5	1.3	1.1	1.1	0.2	0.0	0.6	未优化
16	20190519	420324009	火箭	2	层状云	2.7	1.1	0.6	0.4	0.2	2.0	0.8	未优化

注："/"表示作业区和对比区雨量均为 0

5.1.3.1 技术优化云水资源开发个例

本节以 2019 年 6 月 5 日作业点 420381001 和 420381002 火箭连续作业与 2018 年 8 月 9 日单次火箭作业为例,从雷达回波和雨量分别详细对比分析优化与未优化的作业效果。

2019 年 6 月 5 日 12:03 作业点 420381001 开始作业,12:37 作业点 420381002 开始作业。第一轮次作业开始时,影响区内无较强回波,且回波强度相比于对比区(测风方)要弱些(图 5-11a)。30 min 左右之后,影响区内出现较大范围的强回波,且回波强度较对比区(测风方)整体要强(图 5-11b),于是开始第二轮作业。第二轮次作业后,影响区内的强回波继续维持而且回波强度进一步增大,部分地区达到 50 dBz 左右,且 13:36—14:07 持续 0.5 h 左右,而测风方(对比区)回波强度整体呈现减弱的趋势(图 5-11c—图 5-11e)。由此可知,连续充分催化作业后,影响区的回波得以进一步增强且强回波维持时间更加延长。连续催化作业后,影响区内的最大 1 h 累积雨量增至 20 mm 以上,这比对比区的最大 1 h 累积雨量要大(图略)。

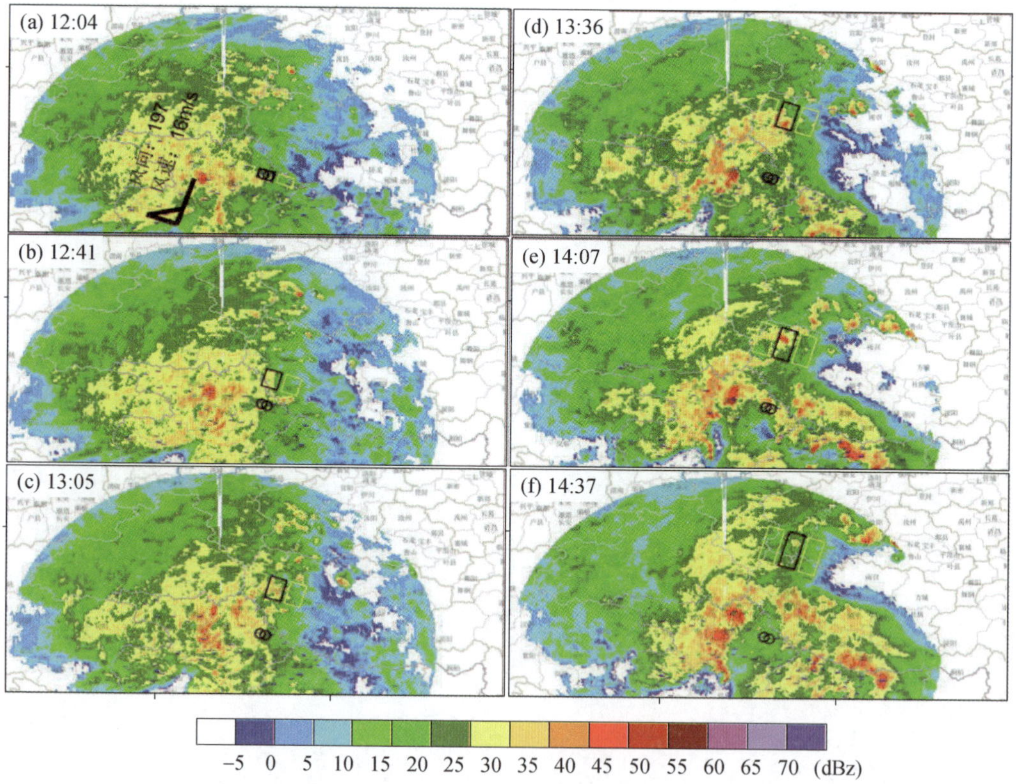

图 5-11 2019 年 6 月 5 日 12:04—14:37 十堰丹江口 420381001 和 420381002 作业点多时次(a~f)回波演变
(空心圆圈为作业点所在位置,黑框为影响区,黄框为对比区)

5.1.3.2 未技术优化的云水资源开发个例

2018年8月9日17:46作业点420324009开始作业,作业开始时,影响区内出现强回波,测风方(对比区)也有强回波(图5-12a)。作业后半小时,影响区的强回波面积明显增大,相比测风方(对比区)整体增大的多一些(图5-12b)。18:15—19:17,影响区内回波强度迅速减弱,对比区内回波强度也衰减很快,在此期间,影响区的回波强度要略大于测风方(对比区)(图5-12b—图5-12d)。之后,影响区和测风方(对比区)的回波强度无明显增大,且强度相当(图5-12e—图5-12f)。由此可知,经单轮次催化作业后,影响区的强回波面积在短时间内能够进一步增大,且强回波面积相比测风方(对比区)要大,但仅依靠单轮次催化作业,影响区强回波维持时间较短。催化作业后(18:00之后),影响区内的1 h累积雨量虽然比对比区略大些,但影响区的1 h累积雨量未出现明显增长而且整体呈现减弱的趋势,这与催化作业后影响区的强回波维持时间过短有关(图略)。由此可知,仅仅依靠单轮次催化作业,影响区的1 h累积雨量未有显著增长。

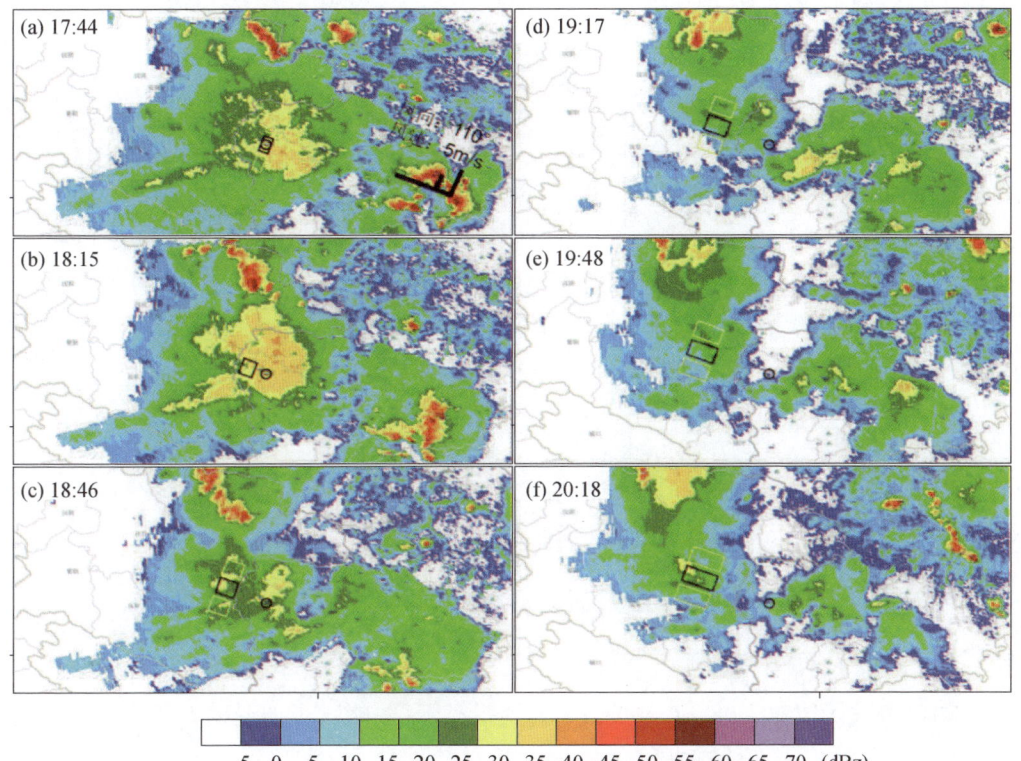

图5-12 2018年8月9日17:44—20:18十堰竹溪420324009
作业点多时次(a~f)回波演变
(空心圆圈为作业点所在位置,黑框为影响区,黄框为对比区)

从优化和未优化作业个例对比分析可以看出,依据雷达回波发展,20190605 个例连续多次且充分播撒催化剂以后,影响区的回波得以进一步增强且强回波维持时间更加延长,增雨效果更加明显。对 20180809 未优化作业个例,鉴于 17:44—18:15 十堰地区出现的大范围积层混合云不断发展(从雷达回波可看出),在这一时段内实施多轮次催化作业将有助于回波发展和强回波的进一步维持。

5.2　多单体对流系统增雨作业方案设计

针对多单体对流系统,设计了 4 种不同人工增雨方案(详见图 5-13):"一对一作业",表示单个作业站点对单个对流云各自实施人工增雨催化作业(图 5-13a);"一对一连续作业",表示单个对流云在不同时刻被不同作业站点实施人工增雨催化作业(图 5-13b);"多对一作业",表示多个(≥2 个)作业站点对单个对流云实施人工增雨催化作业(图 5-13c);"一对多连续作业",表示单个作业站点对多个(≥2 个)对流云实施人工增雨催化作业(图 5-13d)。

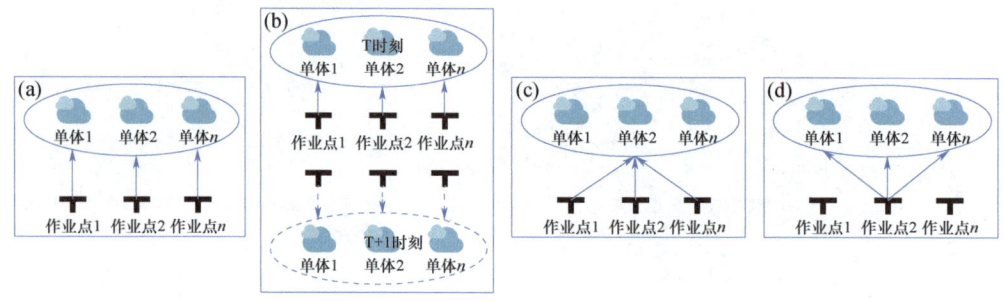

图 5-13　人工增雨方案示意图:(a)表示"一对一催化作业"(箭头表示射击方向,以下类同);(b)表示"一对一连续催化作业";(c)表示"多对一催化作业";(d)表示"一对多催化作业"

本节将以表 5-3 中所列十堰堵河流域 6 个增雨作业个例为例,重点分析多单体对流系统增雨作业天气形势和作业过程。

5.2.1　天气形势和作业过程

5.2.1.1　天气形势

2017 年 7 月 28 日 08:00 500 hPa 天气图显示(图略),十堰受西北太平洋副热带高压(简称西太副高)控制,且位于西太副高脊线的北侧,故对流层中层为西南风主导;700 hPa 层上(图略),十堰受西太副高西侧的偏南气流控制,有暖湿气流向该地输送。14:00 的卫星云图显示(图略),十堰西南部有对流云团发展,作业点位于对流云团的外围。20:00 十堰上空对流层中低层环流相较 08:00 无明显变化。在这样的环流配置下,十堰地区午后易有局地对流发展。

表 5-3 十堰堵河流域 6 个作业个例概况

作业日期 （年-月-日）	作业站点编号	作业站点	作业开始时间 （时:分:秒）	作业结束时间 （时:分:秒）	作业器具	用弹量	方位角 (°)
2017-7-28	420324007	十堰桃源	14:06:40	14:11:50	WR98型火箭	3 枚	180～350
	420325011	十堰中坝乡	14:21:00	14:24:00	WR98型火箭	1 枚	300～340
	420324002	十堰向坝	14:22:30	14:27:50	WR98型火箭	2 枚	330～350
2018-5-15	420323001	十堰吉阳	17:16:40	17:19:45	37高炮	40 发	260～280
	420323010	十堰楼台	17:58:08	18:00:36	37高炮	40 发	0～10
	420304002	十堰五峰	18:08:00	18:13:00	37高炮	20 发	225～230
	420304006	十堰黄柿	18:24:00	18:27:00	37高炮	19 发	280～300
2018-5-17	420304002	十堰五峰	19:34:00	19:39:00	37高炮	20 发	265～270
	420304005	十堰南化	19:57:00	20:00:00	37高炮	7 发	45～50
2018-8-11	420323001	十堰吉阳	13:06:00	13:09:00	37高炮	40 发	344～360
	420323002	十堰楼楼	13:08:00	13:11:00	37高炮	30 发	0～28
2019-6-2	420304005	十堰南化	17:16:10	17:18:47	37高炮	40 发	10～90
	420304004	十堰城关	17:53:20	17:55:38	WR98型火箭	4 枚	290～360
2019-8-9	420323002	十堰楼楼	14:02:15	14:04:00	37高炮	40 发	20～50
	420323010	十堰楼台	15:02:15	15:04:00	37高炮	50 发	40～80

2018 年 5 月 15 日 08:00 500 hPa 天气图显示(图略),十堰位于高空低槽的前部,易有上升运动的发展,且对流层中层为西南风主导;700 hPa 层上(图略),十堰处于低空低槽的前部,在西南暖湿气流的作用下,水汽向十堰地区输送,这样的高低层环流配置有利于十堰地区对流的发展。17:00—19:00 的卫星云图显示(图略),十堰北部和西部分别有较为强盛的对流云团,并不断发展、合并,逐渐向东北方向移动,作业点位于对流云团的外围。20:00 虽然对流层中低层的低槽系统向东移动,但十堰地区仍处于低槽的前部。

2018 年 5 月 17 日 20:00 500 hPa 天气图显示(图略),十堰位于高空高压脊的后部,易有上升运动的发展,且对流层中层为西南风主导;700 hPa 层上(图略),十堰处于低空高压脊的后部,在偏南气流的作用下,水汽向十堰地区输送。在这样的高低层环流配置下,十堰地区易有对流发展。19:00—20:00 的卫星云图显示(图略),作业点位于较为强盛的对流云团核心区。

2018 年 8 月 11 日 08:00 500 hPa 天气图显示(图略),十堰位于西太副高的西北侧,受其外围西南气流控制;700 hPa 层上(图略),十堰受低空反气旋式环流控制。这样的高低层环流配使得十堰地区云系较少,但午后由于地面非绝热加热,易有局地对流发展。13:00—14:00 的卫星云图显示(图略),十堰北部和西部有对流云团发展,作业点位于对流云团的外围。20:00 西太副高东撤,但十堰受低空反气旋式环流控制。

2019 年 6 月 2 日 08:00 500 hPa 天气图显示(图略),十堰位于高空槽的后部,受高空西北气流控制;700 hPa 层上(图略)十堰受反气旋式环流控制。这样的环流配置造成十堰地区上空云系较少,但随着午后太阳辐射越来越强,地表加热越来越强,局地对流易发展。17:00—18:00 的卫星云图显示(图略),十堰北部至河南西部一带有对流云团活动,并逐渐减弱向东南方向移动。作业点位于对流云团的外围。20:00 高空槽以及低空反气旋式环流略微东移,十堰地区仍受高空槽后西北气流、低空反气旋式环流影响。

2019 年 8 月 9 日 08:00 500 hPa 天气图显示(图略),十堰处于高空槽的前部,且受台风外围流场的影响,西南气流主导地区为 700 hPa 层上(图略),十堰西侧。这样的高低层环流配置为十堰地区对流的发展提供了有利条件。14:00—15:00 的卫星云图显示(图略),十堰西北部受较为强盛的对流云团控制,对流云团逐渐向东移动,作业点位于对流云团的外围。20:00 十堰仍处于高空槽的前部并受台风外围流场的影响。

5.2.1.2 作业过程

2017 年 7 月 28 日 14:00—15:00,十堰地区共有三个作业点实施对流云催化作业(图 5-14),十堰上空对流层中层受西南风主导(由 08:00 安康探空可知,图略)。(1)14:06—14:11 桃源作业点对目标云 M7(其对比云为 E5)实施一轮次催化作业(图 5-14b),作业时目标云 M7 处于衰减阶段。之后,目标云 M7 逐渐减弱并缓慢东移,于 14:21 合并到对流单体 P6(图 5-14b,图 5-14d);(2)14:21—14:24 中坝乡作业点对目标云 Q9(其对比云为 Q7)实施一轮次催化作业(图 5-14d),目标云 Q9 于 14:15—14:21 由对流单体 P6 分裂而来(图 5-14c,图 5-14d)。作业后,目标云 Q9 逐渐减弱并于 14:45 左右消亡(图略);(3)14:22—14:27 向坝作业点对目标云 D8(其对比云为 T8)实施一轮次的催化 9 作业(图 5-14d),目标云 D8 于 14:15 左右由对流单体 L4 分裂而来(图 5-14b,图 5-14c)。作业时目标云 D8 处于衰减阶段,作业后得以再次发展,最终于 14:51 消亡(图略)。从图 5-14 还可以看出,目标云 M7、对流单体 P6 以及目标云 Q9 属于同一个线性多单体系统。

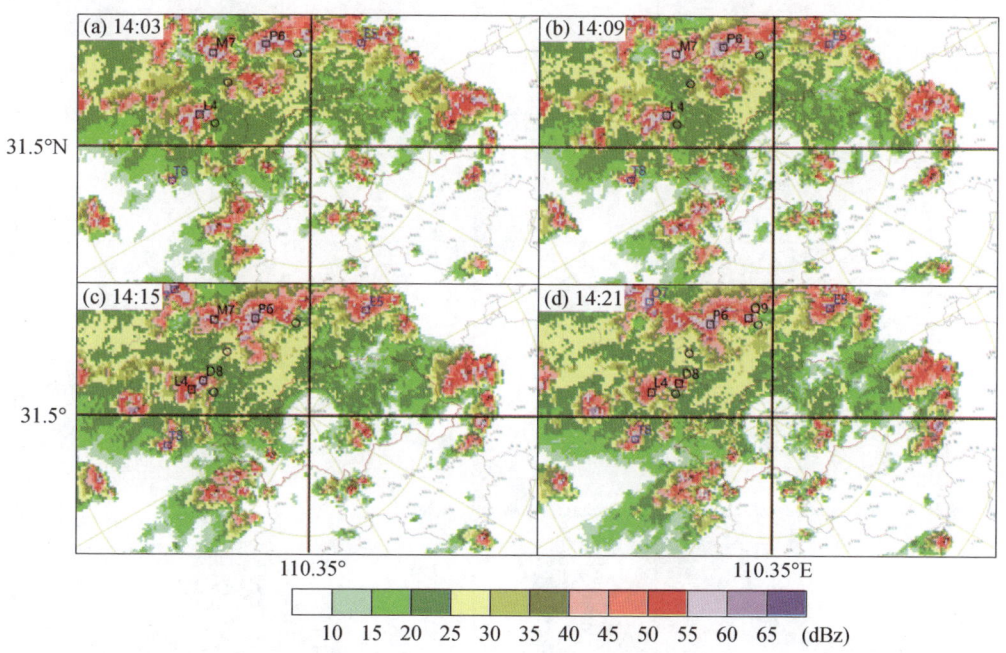

图 5-14 2017 年 7 月 28 日对目标云 M7、D8、Q9,对流单体 P6、L4(黑色方框及字母)
以及对比云 E5、T8、Q7(蓝色方框及字母)的多时次雷达追踪(a~d)
(黑色空心圆为作业点;绿色圆圈为观测圈,间距 50 km)

2018 年 5 月 15 日 17:00—19:00,十堰地区共有四个作业点实施对流云催化作业(图 5-15),十堰上空对流层中层受西南风主导(由 08:00 安康探空可知,图略)。(1)17:16—17:19 吉阳作业点对目标云 C8(其对比云为 J0)实施一轮次催化作业(图 5-15b)。作业时目标云 C8 处于发展阶段,作业后目标云 C8 加快发展,于 18:14 左右合并到对流单体 U3(图 5-15f),对流单体 U3 最终于 18:38 消亡(图略);(2)17:58—18:00 楼台作业点对目标云 F0(其对比云为 L9)实施一轮次催化作业(图 5-15d)。作业时 F0 处于发展阶段,作业后目标云 F0 继续增强(图 5-15d—图 5-15f),最终于 19:50 消亡;(3)18:08—18:13 五峰作业点对目标云 U4(其对比云为 L9)实施一轮次催化作业(图 5-15e)。作业时目标云 U4 处于衰减阶段,作业后约 40 min,目标云 U4 再次发展,最终于 19:40 消亡;(4)18:24—18:27 黄柿作业点对目标云 A2(其对比云为 L9)实施一轮次催化作业(图 5-15g)。作业时目标云 A2 处于发展阶段，作业后目标云 A2 进一步发展，并于 18:32 合并到对流单体 Z1（图 5-15h），对流单体 Z1 最终于 21:19 消亡。从图 5-15 还可以看出，随着对流单体、目标云的移动以及合并，目标云 F0、目标云 U4 以及对流单体 U3 组合成一个线性多单体系统（图 5-15c—图 5-15f）。

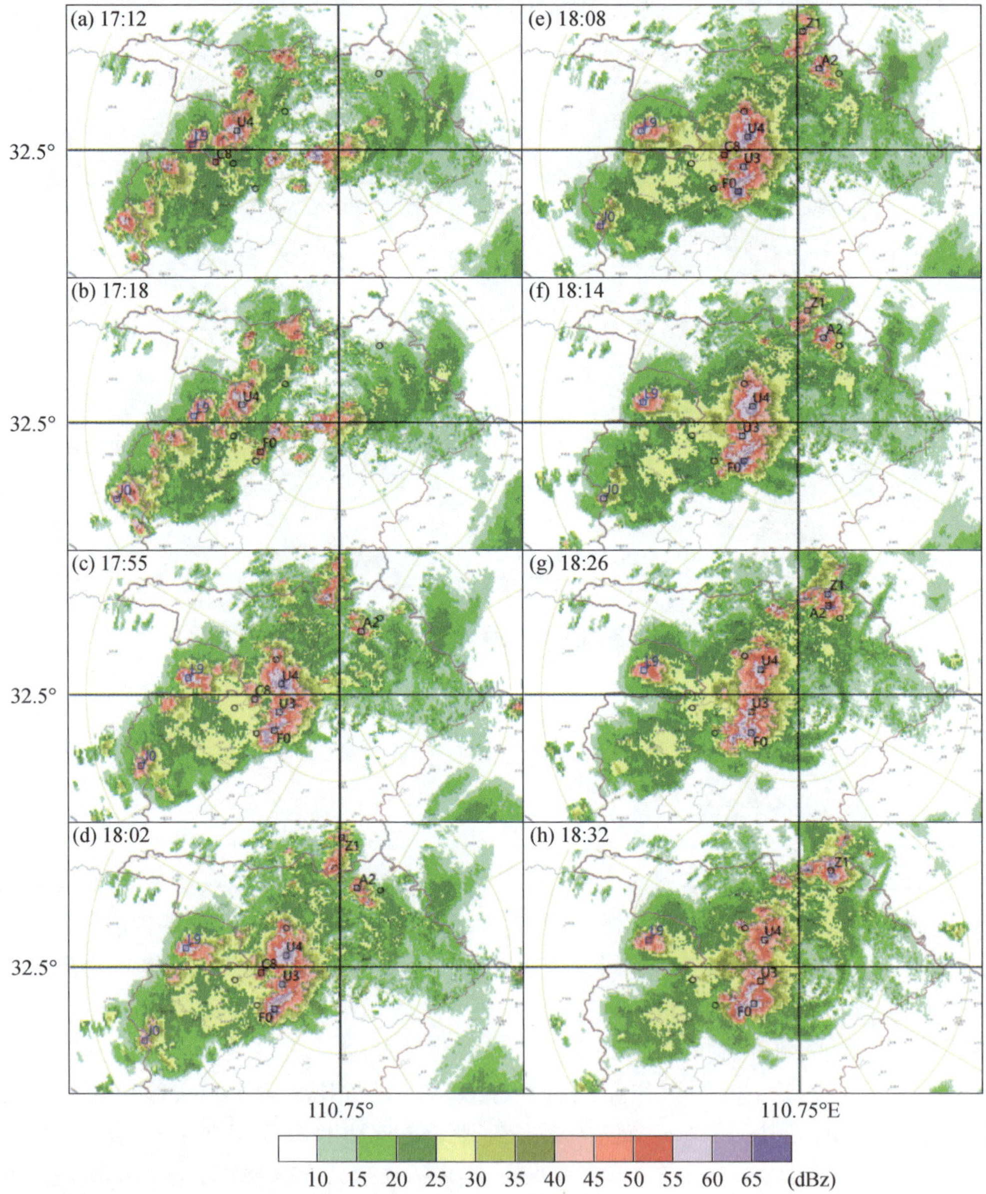

图 5-15 2018 年 5 月 15 日对目标云 C8、F0、U4、A2，单体 U3、Z1（黑色方框及字母）以及对比云 J0、L9（蓝色方框及字母）的多时次雷达追踪（黑色空心圆为作业点）(a～h)

2018年5月17日19:00—20:00,十堰地区共有两个作业点实施对流云催化作业(图5-16),十堰上空对流层中层受西南风主导(20:00安康探空图,图略)。(1)19:34—19:39五峰作业点对目标云O2(其对比云为R3)实施一轮次催化作业(图5-16a)。作业时O2处于衰减阶段,作业后目标云O2很快于19:40合并到对流单体R2中(图5-16b),对流单体R2最终于20:46消亡;(2)19:57—20:00南化作业点对目标云D3(其对比云为S2)、D6(其对比云为U2)实施一轮次催化作业(图5-16c),其中目标云D6于19:53—19:59由目标云D3分裂而来(图5-16a—图5-16b)。作业时目标云D3、D6分别处于衰减、发展阶段,作业后目标云D3很快衰亡,而目标云D6进一步发展并于20:30左右合并到对流单体G3中(图5-16c～图5-16d),对流单体G3最终于21:50消亡(图略)。从图5-16d还可以看出,目标云O2、对流单体R2、对流单体G3同属于一个线性多单体系统。

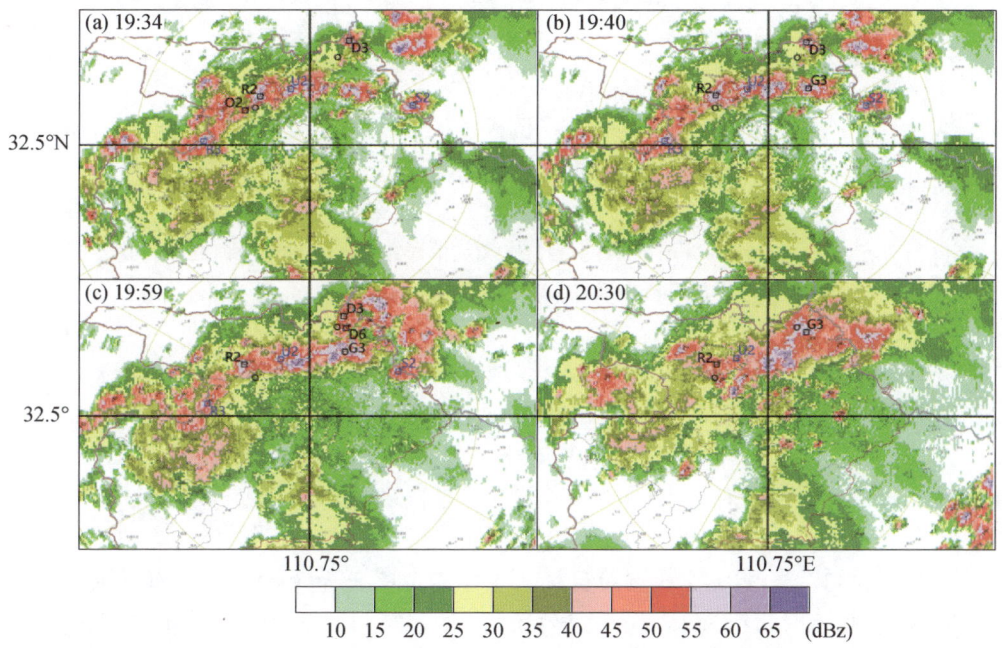

图5-16 2018年5月17日对目标云O2、D3、D6,单体R2、G3(黑色方框及字母)以及对比云R3、S2、U2(蓝色方框及字母)的多时次雷达追踪(黑色空心圆为作业点)(a～d)

2018年8月11日13:00—14:00,十堰地区共有两个作业点实施对流云催化作业(图5-17),十堰上空对流层中层受西南风主导(由08:00安康探空可知,图略)。13:06—13:09吉阳作业点、13:08—13:11牌楼作业点对目标云C2(其对比云为X0)实施一轮次催化作业(图5-17a,图5-17b)。作业时目标云C2C2处于衰减阶段,作业后目标云C2再次发展,并于13:42合并到对流单体X3中(图5-17d),对流单体X3最终于14:10分消亡(图略)。从图5还可以看出,13:05目标云C2为一个独立的对流单体,13:11从目标云C2中分裂出一个新的对流单体,二者组合成一个多单体对流系统。

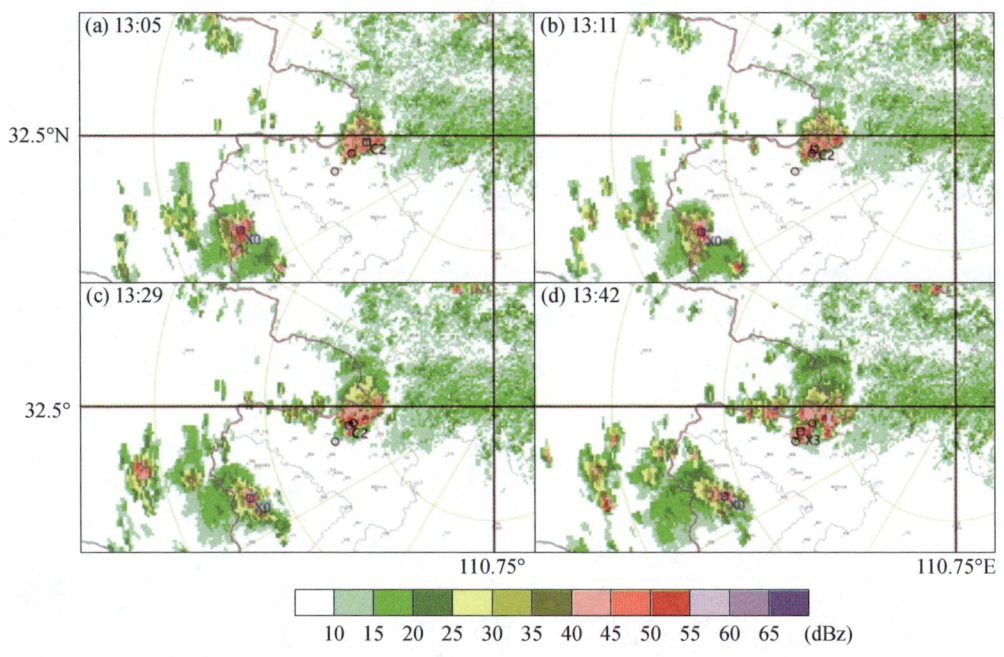

图 5-17 2018 年 8 月 11 日对目标云 C2、对流单体 X3(黑色方框及字母)
以及对比云 X0(蓝色方框及字母)的多时次雷达追踪(黑色空心圆为作业点)(a～d)

2019 年 6 月 2 日 17:00—18:00,十堰地区共有两个作业点实施对流云催化作业(图 5-18),十堰上空对流层中层受西北风主导(由 08:00 安康探空可知,图略)。(1)17:16—17:18 南化作业点对目标云 C2(其对比云为 X2)、V2(由于 V2 很快于 17:22 合并到 C2,此次作业主要针对 C2 进行分析)实施一轮次催化作业(图 5-18a,图 5-18b)。作业时目标云 C2 处于衰减阶段,作业后约 30 min 目标云 C2 再次发展,最终于 18:29 消亡;(2)17:53—17:55 城关作业点对目标云 P3(其对比云为 W3)实施一轮次催化作业(图 5-18c)。作业时目标云 P3 处于成熟阶段,作业后目标云 P3 进一步发展,最终于 18:48 消亡。从图 5-18 还可以看出,17:16—17:18 对目标云 C2、V2 的催化作业时是一次针对多单体对流系统的催化作业;随着目标云和对比云的移动,目标云 C2、目标云 P3 以及对比云 W3 组合成一个线性多单体对流系统。

2019 年 8 月 9 日 14:00—16:00,十堰地区共有两个作业点实施对流云催化作业(图 5-19),十堰上空对流层中层受西南风主导(08:00 安康探空图,图略)。14:02—14:04 牌楼作业点、15:02—15:04 楼台作业点对目标云 K8(其对比云为 J5)实施一对一连续催化作业(图 5-19b,图 5-19c)。目标云 K8 于 13:54—14:01 由对流单体 C1 分裂而来(图 5-19a—图 5-19b),第一次作业时目标云 K8 处于成熟阶段,作业后约 10 min 目标云 K8 再次发展。第二次作业时目标云 K8 也处于成熟阶段,作业后得以再次发展,最终于 15:20 消亡。从图 5-19 还可以看出,目标云 K8 与对流单体 C1 及其他单体组成一个多单体对流系统。

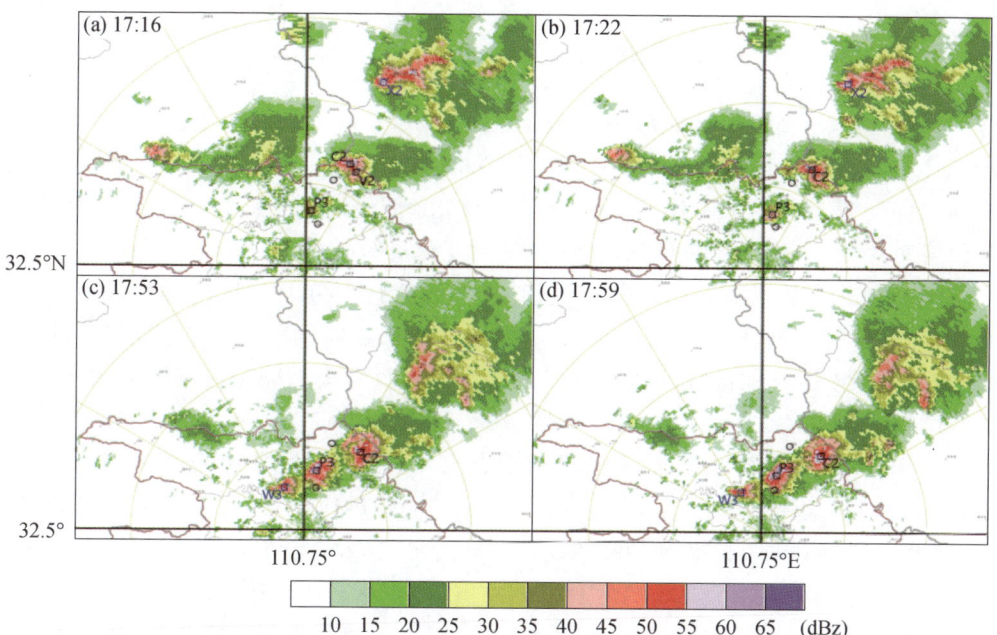

图 5-18　2019 年 6 月 2 日对目标云 C2、V2、P3（黑色方框及字母）以及对比云 X2、W3（蓝色方框及字母）的多时次雷达追踪（黑色空心圆为作业点）(a~d)

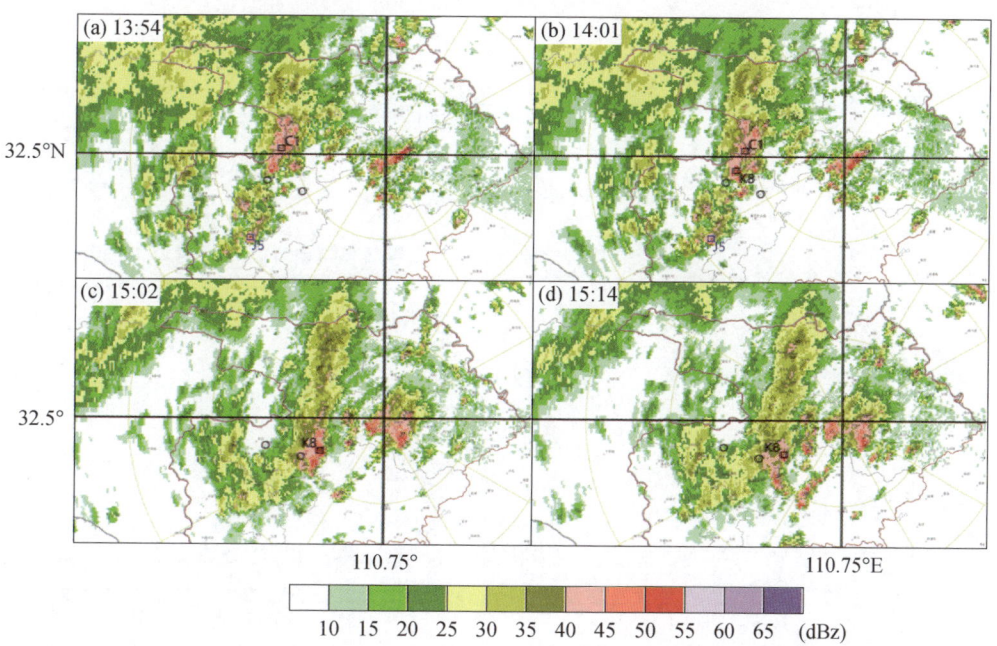

图 5-19　2019 年 8 月 9 日对目标云 K8、对流单体 C1（黑色方框及字母）以及对比云 J5（蓝色方框及字母）的多时次雷达追踪（黑色空心圆为作业点）(a~d)

5.2.2 一对一催化作业

2017年7月28日,十堰市桃源作业点(14:06—14:11)、中坝乡作业点(14:21—14:24)对同一个线性多单体系统中的不同单体实施一对一催化作业,其中桃源作业点的目标云为 M7,中坝乡作业点的目标云为 Q9,催化剂量分别为 3 枚、1 枚火箭弹。下面将对这两个目标云作业前后特征参量的变化进行分析。

图 5-20 为目标云 M7 及其对比云 E5 在 7 月 28 日 13:08—14:39 的最大组合反射率、回波顶高、垂直积分液态水含量、强回波面积随时间的变化。催化时,目标云 M7 处于衰减阶段。催化后,目标云 M7 的最大组合反射率的减小速率明显放缓,并于 14:21 再次发展,增大了 4 dBz,增大率为 5.08%;回波顶高在 15 min 内达到最大值,增大了 4.5 km,增大率为 39.1%;垂直积分液态水含量先减小后增大,于 14:21 达到最大值,增大了 7.5 kg/m^2,增大率为 18.75%;强回波面积迅速增大,在 15 min 内达到最大值,增大了 506 km^2,增大率为 488.35%。而对比云 E5,在催化时处于发展阶段,但很快达到顶峰并进入衰减阶段,未出现二次增长。比较目标云 M7 和对比云 E5 可知,一对一的有效催化作业可使衰减阶段的对流单体衰减速度放缓甚至再次发展,这还有助于延长对流单体的生命周期。

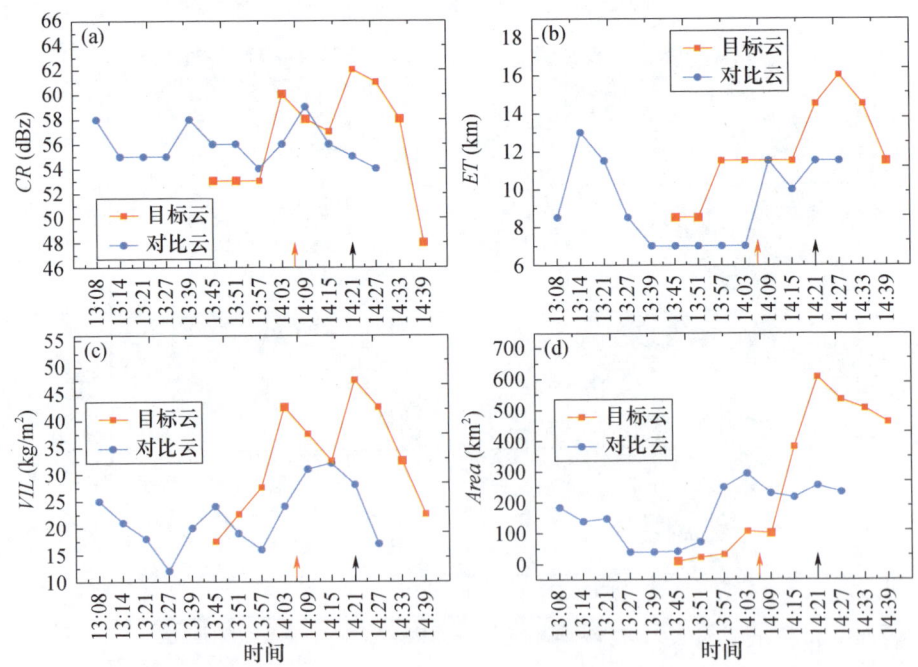

图 5-20 目标云 M7 与对比云 E5 作业前后最大组合反射率(CR)(a)、回波顶高(ET)(b)、垂直积分液态水含量(VIL)(c)、强回波面积(Area)(d)随时间的演变(图中红色、黑色箭头分别表示增雨作业开始时间、目标云 M7 与对流单体 P6 合并的时间)

图 5-21 为目标云 Q9 及其对比云 Q7 在 13:45—14:57 的最大组合反射率、回波顶高、垂直积分液态水含量、强回波面积随时间的变化。催化时,目标云 Q9 处于衰减阶段。催化后,目标云 Q9 的最大组合反射率的减小速率放缓,但并未再次增长;回波顶高维持在 10 km,未出现减小;垂直积分液态水含量继续减小,且减小速率基本不变;强回波面积保持减小的趋势,但减小速率在其生命周期的大部分时间里是放缓的。可以看出,这次一对一催化作业,在催化剂量不足(1 枚火箭弹)的情况下,虽然未使衰减阶段的对流单体再次发展,但在一定程度上延缓了对流单体的衰减(如最大组合反射率、回波顶高、强回波面积的变化所示)。

综上所述,针对对流单体开展一对一催化作业,可使处于衰减阶段的对流单体再次发展或者在一定程度上延缓其衰减。此外,多个(≥2 个)作业点对同一个线性多单体对流系统中的不同单体实施催化作业,可通使对流单体再次发展或者延缓对流单体的衰减来提高对流单体的降雨效率,以更大限度地开发线性多单体对流系统的降水潜力。

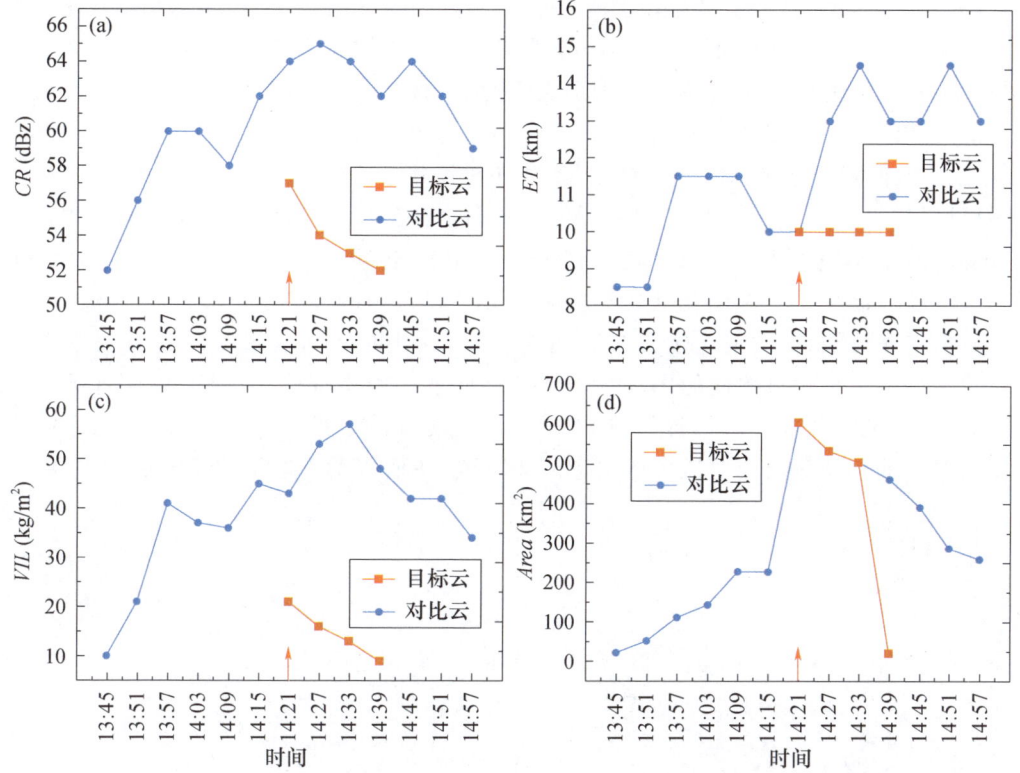

图 5-21 目标云 Q9 与对比云 Q7 作业前后最大组合反射率(CR)(a)、
回波顶高(ET)(b)、垂直积分液态水含量(VIL)(c)、
强回波面积($Area$)(d)随时间的演变(图中红色箭头分别表示增雨作业开始时间)

5.2.3 一对一连续催化作业

2019 年 8 月 9 日,十堰市牌楼作业点(14:02—14:04)、楼台作业点(15:02—15:04)对多单体对流系统中的同一个单体实施一对一连续催化作业,它们的目标云为 K8,催化剂量分别为 40 发、50 发高炮炮弹。下面将对目标云 K8 作业前后特征参量的变化进行分析。

图 5-22 为目标云 K8 及其对比云 J5 在 8 月 9 日 13:05—15:14 的最大组合反射率、回波顶高、垂直积分液态水含量、强回波面积随时间的变化。第一次和第二次催化时,目标云 K8 均处于成熟阶段。第一次催化后,目标云 K8 的最大组合反射率呈减小趋势,但催化后的 23 min 开始转为增大趋势;第二次催化后,最大组合反射率进一步增大。第一次催化后,目标云 K8 的回波顶高呈减小趋势,但催化后的约 7 min 开始转为增大趋势,并于 14:50 达到 13 km,相比催化时增大了 4.5 km;第二次催化后,回波顶高进一步增大至 14.5 km。第一次催化后,目标云 K8 的垂直积分液态水含量呈减小趋势,但催化后的约 11 min 开始转为增大趋势,并于 15:02 增至 16 kg/m²,相比催化时增大了 9 kg/m²;第二次催化后,垂直积分液态水含量维持在 16 kg/m² 约 6 min,之后减小。第一次催化后,目标云 K8 的强回波面积也呈减小趋势,但催化后约 30 min 开始转为增大趋势,于 15:02 增至最大值(114 km²),相较催化时增大了 88 km²;第二次催化后,强回波面积未进一步增大。比较目标云 K8 和对比云 J5 可知,催化时处于成熟阶段的目标云 K8 在催化后经历了短时间的衰减,但很快又再次发展起来,这说明催化是有效的,第二次催化后目标云 K8 也得到了一定发展(体现在最大组合反射率和回波顶高);而对比云 J5 由于未催化且处于衰减阶段,它随着时间逐渐消亡,未再次发展。

由上述可知,此次催化过程共有两次催化,催化时间间隔约 1 h,是针对多单体对流系统中单个对流单体的一对一连续催化作业。两次催化后,对流单体有不同程度的发展,说明此次一对一连续催化作业是有效的。此外,一对一连续催化作业相比一对一催化作业能使对流单体更进一步发展,从而有助于增雨效率的更大提高。

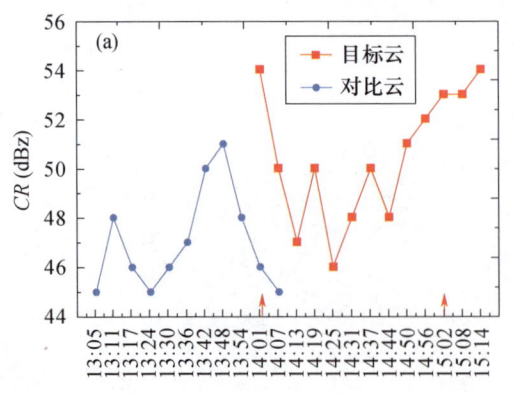
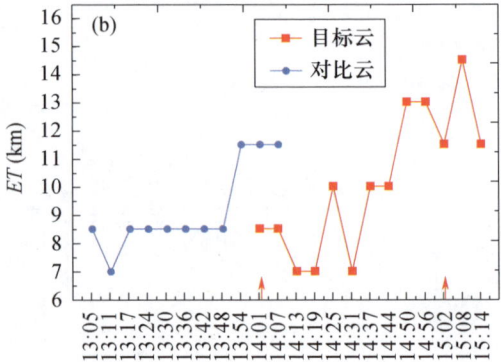

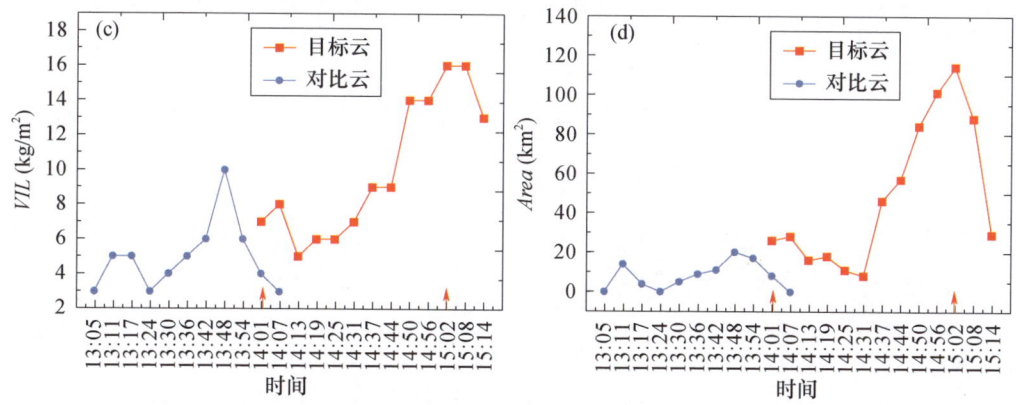

图 5-22　目标云 K8 与对比云 J5 作业前后最大组合反射率(CR)(a)、回波顶高(ET)(b)、垂直积分液态水含量(VIL)(c)、强回波面积($Area$)(d)随时间的演变
（图中红色箭头表示增雨作业开始时间）

5.2.4　多对一催化作业

2018 年 8 月 11 日，十堰市吉阳作业点(13:06—13:09)、牌楼作业点(13:08—13:11)对多单体对流系统中的同一个单体实施多对一催化作业，它们的目标云为 C2，两个作业点的催化总剂量为 70 发高炮炮弹(吉阳 40 发、牌楼 30 发)。下面将对目标云 C2 作业前后特征参量的变化进行分析。

图 5-23 为目标云 C2 及其对比云 X0 在 8 月 11 日 12:15—14:06 的最大组合反射率、回波顶高、垂直积分液态水含量、强回波面积随时间的变化。催化时，目标云 C2 处于衰减阶段。催化后，目标云 C2 的最大组合反射率迅速增大，在 23 min 内增大了 10 dBz，增大率为 20%，达到最大值之后迅速减小；回波顶高在 17 min 内达到最大值，增大了 1.5 km，增大率为 13.04%；垂直积分液态水含量迅速增大，在 11 min 内增大了 19.5 kg/m²，增大率为 111.43%，之后迅速减小；强回波面积迅速增大，在 17 min 内达到最大值，增大了 41 km²，增大率为 195.24%。而对比云 X0，在催化时处于发展阶段，但发展缓慢，而且其峰值时各特征参量相较目标云 C2 峰值时的要小(体现在最大组合反射率、垂直积分液态水含量和强回波面积)。比较目标云 C2 和对比云 X0 可知，多对一催化作业(催化过量)也可使处于衰减阶段的对流单体再次发展，而且发展迅速，而未经催化的对流单体相对发展缓慢，而且峰值时的特征参量相对较小。

由上述可知，此次催化过程是针对多单体对流系统中单个对流单体的多对一催化作业。催化后，原处于衰减阶段的对流单体再次发展，且发展迅速、增幅较大，这说明此次多对一催化作业是有效的。此外，多对一催化作业相较一对一连续催化作业(5.2.3 与 5.2.2),对流单体发展至最顶峰的时间更短,但在一定程度上会导致对流单体生命史的缩短。

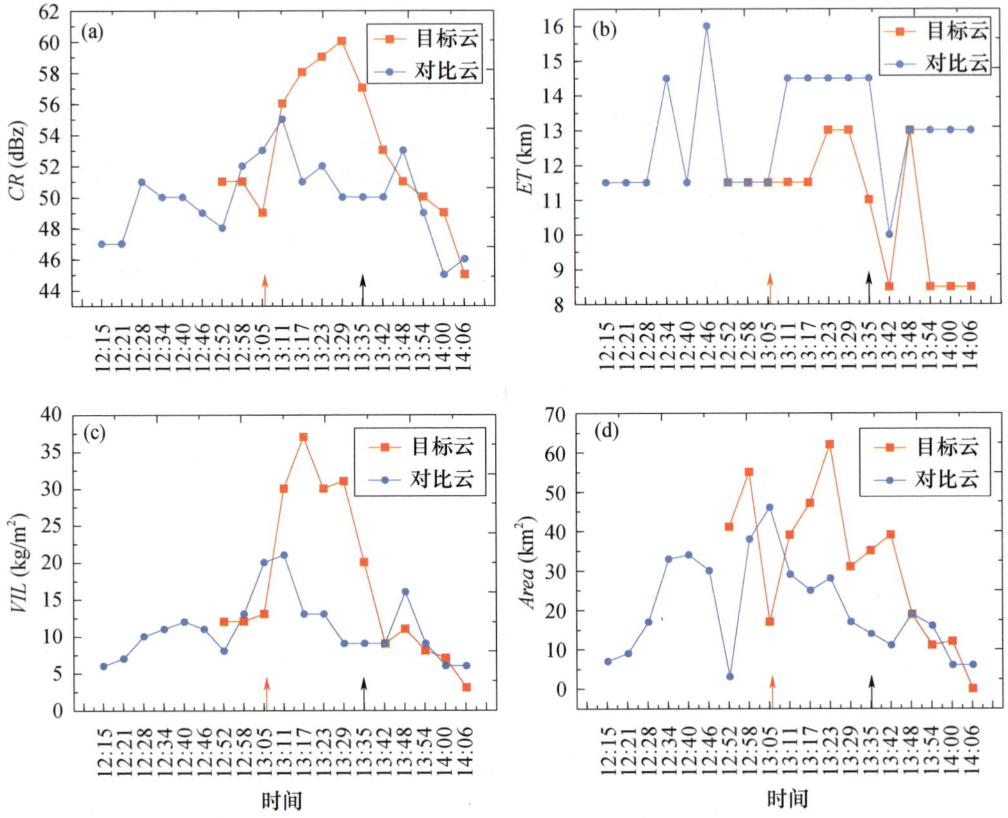

图 5-23 目标云 C2 与对比云 X0 作业前后最大组合反射率(a)、回波顶高(b)、垂直积分液态水含量(c)、强回波面积(d)随时间的演变
(横坐标表示北京时间;图中红色、黑色箭头分别表示增雨作业开始时间、目标云 C2 与对流单体 X3 合并的时间)

5.2.5 一对多催化作业

2018 年 5 月 17 日,十堰市南化作业点(19:57—20:00)对多单体对流系统中的两个单体实施一对多催化作业,它的目标云为 D3 和 D6,催化剂量为 7 发高炮炮弹。由于催化时处于衰减阶段的目标云 D3 在催化后的 2 min 内迅速消亡,我们主要对目标云 D6 作业前后特征参量的变化进行分析。

图 5-24 为目标云 D6 及其对比云 U2 在 19:22—21:44 的最大组合反射率、回波顶高、垂直积分液态水含量、强回波面积随时间的变化。催化时,目标云 D6 处于发展

阶段。催化后,目标云 D6 的最大组合反射率在 70 min 内达到最大值,增大了 8 dBz,增大率为 14.55%;回波顶高在 70 min 内达到最大值,增大了 3 km,增大率为 26.09%;垂直积分液态水含量在 82 min 内达到最大值,增大了 21 kg/m²,增大率为 105.00%;强回波面积在 57 min 内达到最大值,增大了 1610 km²,增大率为 14.55%。

比较目标云 D6 和对比云 U2 可知,一对多催化作业(催化不足)也可使处于发展阶段的对流单体再次发展,而未经催化的对流单体(U2,处于衰减阶段)未能再次发展。

从上述可知,在一对多催化作业情形下,由于催化总剂量不足,会使得单个目标云的所受到的催化剂量更少,这会使得处于衰减阶段目标云(D3)不能再次发展并继续衰减;而处于发展阶段的目标云(D6)则会进一步发展,但由于催化剂量不足,目标云发展至最强所耗时间较长。

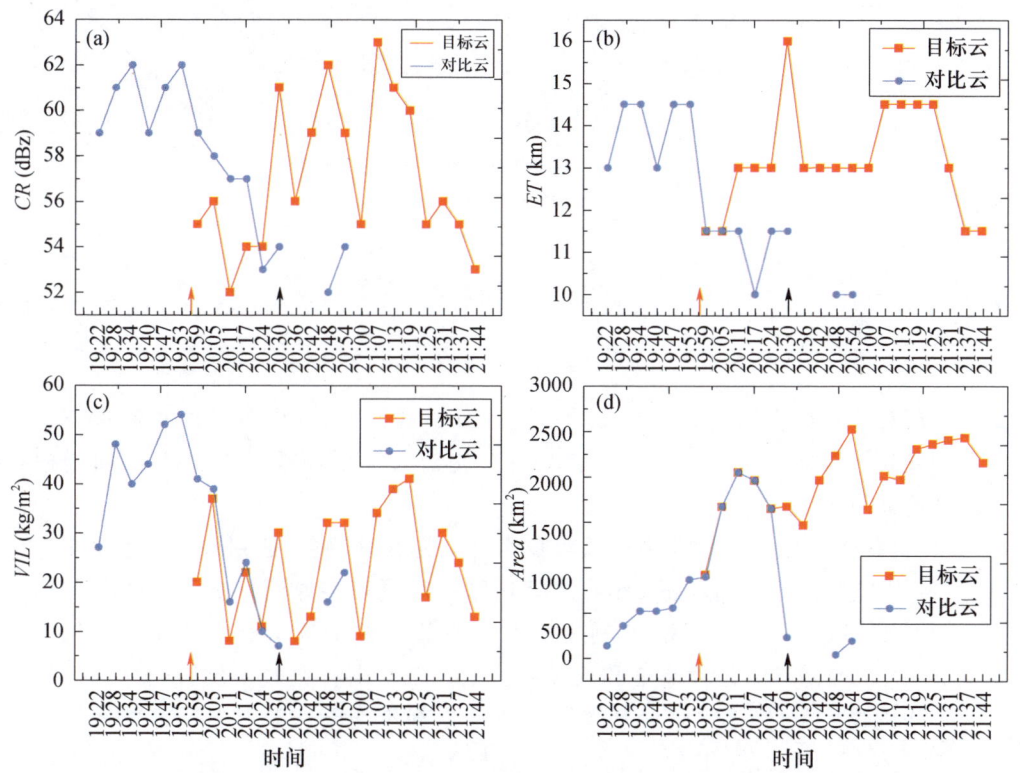

图 5-24　目标云 D6 与对比云 U2 作业前后最大组合反射率(a)、
回波顶高(b)、垂直积分液态水含量(c)、强回波面积(d)随时间的演变
(图中红色、黑色箭头分别表示增雨作业开始时间、目标云 D6 与对流单体 G3 合并的时间)

5.3 区域和连续增雨作业跟踪指挥

从图 5-25 可以看到,根据系统移向组织多个作业点同时作业,以及根据系统移速组织第二、第三梯队作业,可以做到以下几点:(1)可以在成片区域,实现"几"字型或"八"字型播撒;(2)持续影响作业潜力云;(3)达到充分播撒。

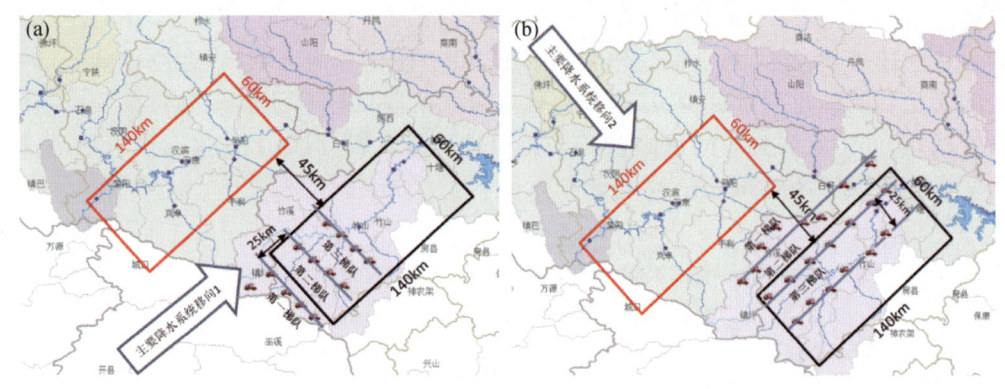

图 5-25 不同系统来向区域和连续播撒示意图
(a)西南来向系统;(b)西北来向系统

5.4 小结

本章利用地面火箭和高炮作业效果统计分析和技术优化、多单体对流系统云水资源开发技术等研究结果,归纳总结地面对流云人工增雨作业方案设计和指挥技术。结论如下:

(1)自动识别作业云和非作业云等技术方面尤其有特色,达到同类先进水平。

(2)从不同云系、作业方式、作业工具和作业剂量等多方面分析催化作业前后雨量 K 值(目标区与对比区),然后,进一步初步计算随机抽选个例的地面增雨效果达到 14.4%,表明湖北省地面高炮和火箭对流云人工增雨作业效果比较明显。还发现当达到增雨作业条件,多次连续和播撒合适催化剂量增雨作业有更明显的效果。在对 2018—2019 年地面高炮和火箭增雨作业技术进行优化时,验证了这些成果对实际业务的技术指导作用,还将继续发挥作用。

(3)针对多单体对流系统,设计了 4 种不同人工增雨方案,主要特点:①一对一方案设计:作业条件具备可以快速作业,对应充分播撒;②一对一连续作业方案:连续充分播撒,不漏作业机会;③多对一作业:容易导致过量播撒,迅速达到防雹效果;④一对多作业:常会导致播撒不充分,催化不足。根据这些特点,可以应用到不同场景发挥最大效果。

（4）研究还发现区域和连续增雨作业跟踪指挥能达到很好的对流云人工增雨效果，根据系统移向组织多个作业点同时作业，以及根据系统移速组织第二、第三梯队作业，可以做到以下几点：①可以在成片区域，实现"几"字型或"八"字型播撒；②持续影响作业潜力云；③达到充分播撒。

第 6 章
对流云人工增雨作业效果分析技术

一般来说,现有的人工增雨作业效果分析检验方法主要有统计检验、物理检验和数值模拟检验。统计检验关注的是可被检测和定量分析的降水增量(间接效果),运用概率论与数理统计理论定量地检验出作业效果并指明其显著性水平;物理检验主要分析作业前后云的宏微观物理特征的变化,根据云降水形成及其催化作业的物理机制,找出相应的物理响应(微物理响应或宏观动力响应等),定性或定量分析作业效果;数值模拟检验是根据云和降水形成的热力过程、动力过程和微物理过程等,以及人工增雨催化作业原理,建立一套描写云和降水过程以及人工催化增雨过程的数值模式,定量预报催化与不催化情况下,云的发展和降水量,并与实测结果比较,从而判断作业效果。

人工增雨作业效果的物理检验分析是人工增雨试验效果评估中很重要的一个环节,其主要目的是为评估人工增雨效果提供相应的物理学证据。由统计学方法得到的人工增雨效果只有在获得物理上的合理解释,并为观测到的物理效应所证实时,人工增雨效果的检验才是完整的和令人信服的。唐仁茂(2010)针对对流云人工增雨作业效果的物理检验分析,提出一种基于相似离度原理,根据雷达回波参量自动选取对比云的方法。该方法从多普勒雷达、自动站两个常规观测资料挑选出组合反射率、回波顶高、面积、垂直液态水含量、单体降水量等 11 个参量,依据相似离度原理自动选取对比云,对作业目标云和对比云进行对比分析,从而达到对作业效果分析检验的目的。作业效果分析检验方法的技术路线如图 6-1 所示。

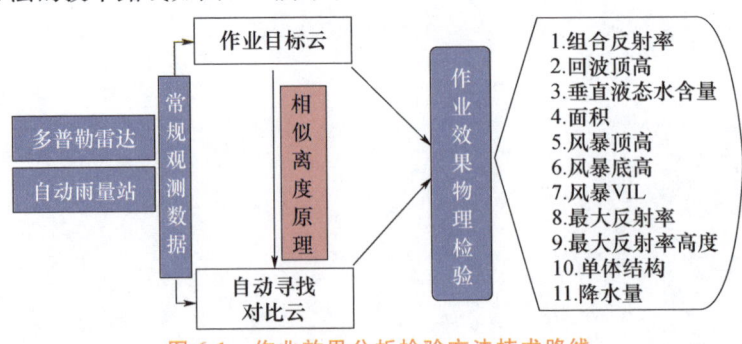

图 6-1 作业效果分析检验方法技术路线

6.1 自动选取对比云技术

自动选取对比云的方法是基于多普勒气象雷达数据产品,遍历催化作业目标回波单体从其初始形成到作业前的回波参数及变化特征,包括回波强度、强回波面积、回波顶高、垂直积分液态含水量等,在一定地理范围和时间范围内,依据相似离度原理,自动寻找到与目标云前期(作业前)回波参数及变化特征比较相似的对比云。

6.1.1 相似离度原理

根据雷达回波参量来选取对比云,要比较目标云与待选云体的回波参量随时间变化曲线的相似程度。相似比较的数学衡量标准有若干种,李开乐(1986)在列举几种描述相似的统计量,如相似系数、海明距离、欧氏距离等,并对它们的优劣给予分析之后,提出描述相似比较完备的统计量——相似离度。它既能体现曲线之间的值差异,又能分析形相似程度,是一种比较全面的相似衡量标准。计算两条曲线的相似离度,其基本原理表述如下。

假定二维平面上有两条曲线 i 和 j (图 6-2),对 X 取值 M 次,第 k 次 X 值为 X_k,对应的曲线 i 的 Y 值为 Y_{ik},曲线 j 的 Y 值为 Y_{jk},则其相似离度 C_{ij} 可表示为:

$$C_{ij} = \frac{1}{2}(D_{ij} + S_{ij}) \tag{6-1}$$

其中:

$$D_{ij} = \frac{1}{M}\sum_{k=1}^{M} |Y_{ijk}| \tag{6-2}$$

$$S_{ij} = \frac{1}{M}\sum_{k=1}^{M} |Y_{ijk} - E_{ij}| \tag{6-3}$$

$$Y_{ijk} = Y_{ik} - Y_{jk} \tag{6-4}$$

$$E_{ij} = \frac{1}{M}\sum_{k=1}^{M} Y_{ijk} \tag{6-5}$$

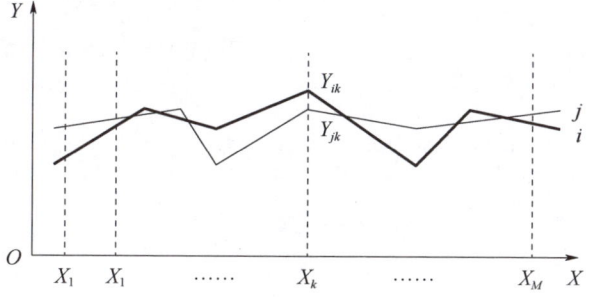

图 6-2 二维平面上曲线 i 和 j

在此，Y_{ijk}表示X为X_k时曲线i和j的Y值之差，而E_{ij}即是两曲线i和j的Y值之差的总平均。D_{ij}是两曲线Y值之差绝对值的总平均，它反映出两条曲线在总平均数值上差异程度，称之为值系数，值越小，表明两曲线在数值上越接近；S_{ij}表示两曲线各个Y值之差Y_{ijk}对其总平均E_{ij}的离散程度，反映出两曲线的形相似程度，称之为行系数，值越小，表明两曲线的形状越相似。综上所述，相似离度C_{ij}由D_{ij}和S_{ij}共同决定，为简便起见C_{ij}取两者的平均值。

6.1.2 确定对流单体的生命期

多普勒雷达的二次产品数据每 6 min 更新一次，数据时次间隔比较均匀。在作业开始前的时刻，根据风暴追踪信息产品记录的该时刻的对流单体的编号和位置等信息，得到当时已经生成的所有对流单体。依据编号向前回溯，可以找到各个单体生成的时刻；向后，则可以找到单体消亡的时刻。

这样，就可以得到当时所有对流单体的生命期和在生命期内各时刻的强回波面积、组合反射率、回波顶高和垂直液态水含量等回波参量，以及这些参量随时间变化的曲线。

6.1.3 计算回波参量的相似离度

对生成时间、位置和方向符合条件的对流单体，计算它们与目标云在作业前的回波参量变化曲线的相似离度。由于目标云与待选单体的生成时间不尽相同，且目标云作业前的生命期长度与待选单体的也不定相等，所以计算前需进行两方面考虑。

(1)不以时间作为 X 轴，而是以数据时次作为 X 轴。将目标云和待选单体的生成时间看成数据时次 1，它们各自的后一个数据时次作为数据时次 2，再后一个数据时次作为数据时次 3，以此类推，直到作业前的数据时次。

(2)目标云与待选单体两者中在作业前数据时次少的一方，其作业前最后一个数据时次记为数据时次 M。

计算目标云与待选单体的强回波面积、组合反射率、回波顶高和垂直液态水含量的相似离度，得到$C_{ij}(A)$、$C_{ij}(C)$、$C_{ij}(E)$和$C_{ij}(V)$。在计算值系数D_{ij}时，通过判别指标A、C、E和V进行剔除，排除掉部分待选单体。各个参量的D_{ij}须符合指标条件：$D_{ij}(A) \leqslant 10, D_{ij}(C) \leqslant 3, D_{ij}(E) \leqslant 2, D_{ij}(V) \leqslant 2$。符合条件的对流单体作为选取的对比云集合。

最后，将目标云与待选单体的四个回波参量的相似离度作算术平均，得到综合的相似离度C_{ij}，C_{ij}最小的即为最佳的对比云：

$$C_{ij} = \frac{1}{4}[C_{ij}(A) + C_{ij}(C) + C_{ij}(E) + C_{ij}(V)] \tag{6-6}$$

6.2 作业效果分析技术

追踪目标云与对比云至回波消散,最后给出在整个生命期内目标云的回波参量随时间的变化情况,以及目标云和对比云回波参量在同一时刻和同一发展时期的比较结果,进行作业效果物理检验。

6.2.1 物理分析方法

选定对比云后,从下面两个方面进行催化效果分析。

6.2.1.1 目标云作业前后回波参量的变化

软件给出目标云从生成到消亡整个生命期的强回波面积、组合反射率、回波顶高和垂直液态水含量等回波参量值,并绘制其随时间变化的折线图。

6.2.1.2 目标云与对比云回波参量的比较

软件分别对目标云和对比云整个生命期的回波参量在同一时刻和同一发展时期上进行比较,并绘制对比的折线图。

6.2.2 鄂东地区对流云增雨效果检验应用

自动选取对比云作业效果物理检验的方法在2007年湖北省东部地区人工增雨效果检验外场试验中进行了应用(唐仁茂,2009)。

6.2.2.1 自动选取对比云

对3次对流云试验个例都能方便快速地找出对比云(见表6-1)。以8月31日07:49(世界时)湖北阳新地面火箭作业的目标云Y1为例,软件自动选取对比云为E6。Y1与E6生成时间分别为06:40和07:34(相差56 min),分属两块不同的主体回波,相距约35 km,且E6在Y1移向的垂直方向上,不会相互影响。各发展阶段强回波面积、组合反射率、回波强度和垂直液态水含量比较接近。

表6-1 2007年试验中的目标云和选定的对比云生消时间(世界时)

序号	试验日期	作业时间(时:分)	目标云			对比云		
			编号	生成时间(时:分:秒)	消亡时间(时:分:秒)	编号	生成时间(时:分:秒)	消亡时间(时:分:秒)
1	8月3日	03:58	J8	02:37:07	04:50:20	X9	02:49:13	04:13:54
2	8月3日	06:03	V7	05:56:53	06:27:06	K6	05:38:45	06:08:56
3	8月31日	07:49	Y1	06:40:03	08:41:15	E6	07:34:37	09:05:30

目标云作业前后强回波面积、组合反射率、回波顶高和垂直液态水含量随时间变化的折线图(图6-3)显示:(1)强回波面积在作业前后分别出现高峰值;(2)组合反射率和垂直液态水含量在作业前波动较大,作业后9 min(07:49—07:58)再次达到最大值;(3)回波顶高在作业前9 min达到最大值,作业后维持最高值约26 min(07:49—08:16),之后逐渐减小。

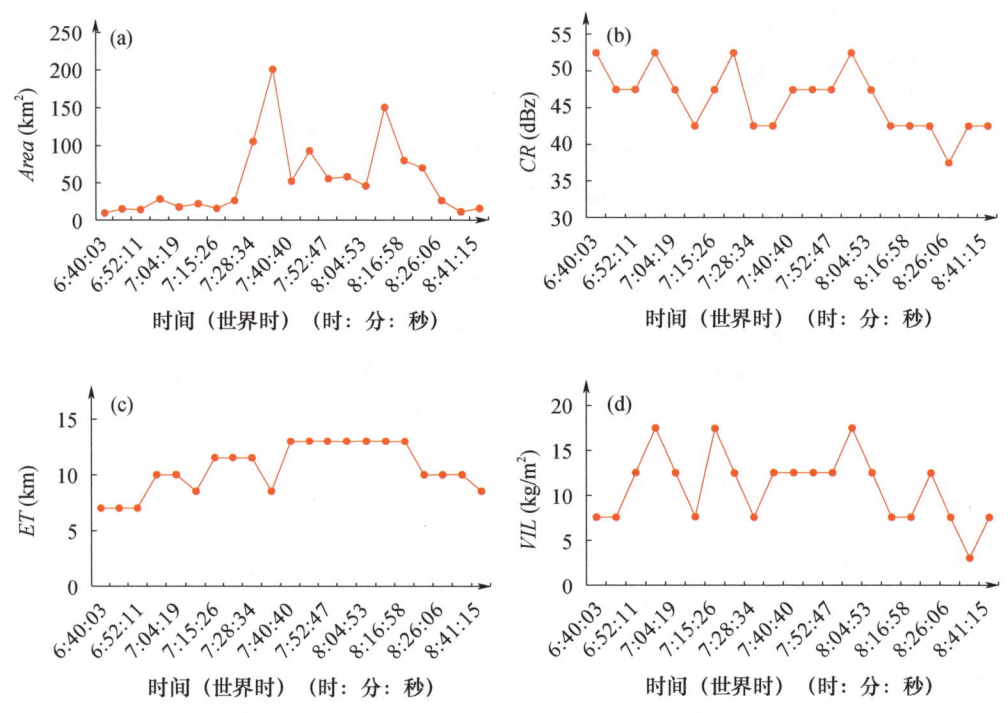

图6-3 2007年8月31日湖北阳新地面作业目标云回波参量随时间的变化
(a. 强回波面积;b. 组合反射率;
c. 目标云回波顶高;d. 垂直液态水含量)

目标云与对比云的强回波面积、组合反射率、回波顶高和垂直液态水含量对比的折线图(图6-4)显示:(1)目标云的生命期比对比云的长约30 min;(2)目标云的强回波面积在作业前后分别出现高峰值,而对比云仅有一个高峰值;(3)目标云与对比云的组合反射率和垂直液态水含量的变化曲线相似;(4)目标云的回波顶高在作业后维持最高值约26 min,而对比云的回波顶高最高值持续时间比目标云的短。从此个例的对比分析看,催化作业对延长目标云寿命和最大回波顶高的持续时间,增大云的强回波面积起了一定的积极作用。自动选取对比云进行对流云作业效果物理检验的方法得到有效的应用。

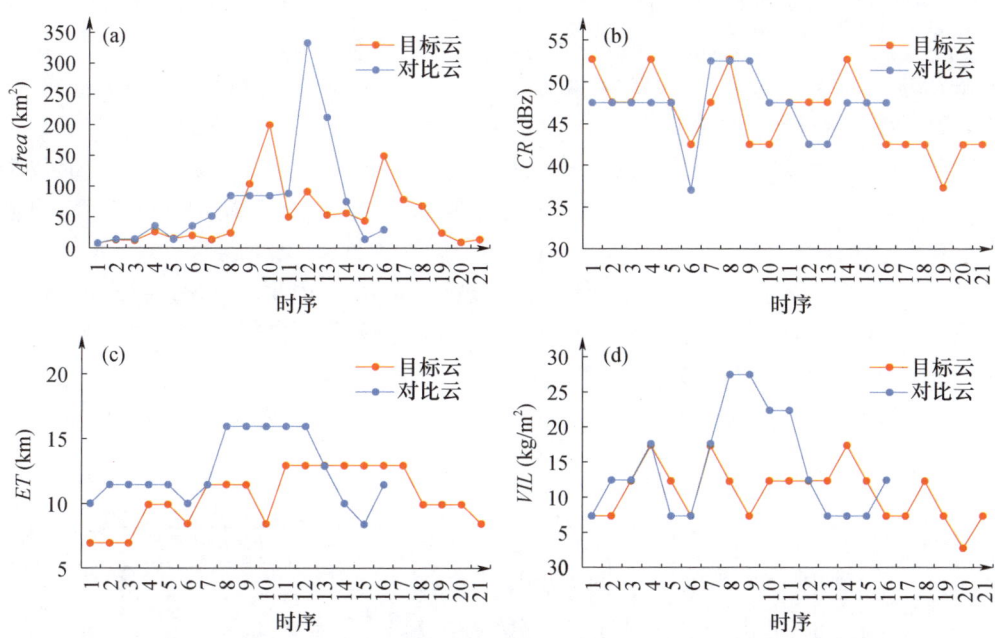

图 6-4　2007 年 8 月 31 日湖北阳新地面作业目标云和
对比云回波参量随时间变化的对比（横坐标时序间隔约 6 min）
（a. 强回波面积；b. 组合反射率；c. 回波顶高；d. 垂直液态水含量）

表 6-2　2007 年 8 月 31 日湖北阳新地面作业目标云、对比云回波参数变化

序号	分析对象	回波强度			>45 dBz 面积		回波顶高			液态水含量		
		时间(min)	增大值(dBZ)	增大率(%)	时间(min)	增大率(%)	时间(min)	增大值(km)	增大率(%)	时间(min)	增大值(kg/m²)	增大率(%)
1	目标云	9	5	9	21	30	9	3.0	33	15	12.0	52
	对比云	3	2	4	6	16	3	1.5	12		0.0	
2	目标云	13	7	13	13	33	7	4.0	32	25	21.0	117
	对比云	13	5	11	13	18	7	3.5	28		减小	
3	目标云	9	5	11	27	110	15	3.7	51	9	5.0	40
	对比云	9	2	4	减小		减小			21	2.5	25

注：表中"时间"表示催化后各参数达到最强所经历的时间，对于对比云的时间，则是指与目标云催化时同一发展阶段之后达到最强所经历的时间。

三次试验作业目标云的特征在催化作业时有一定的相似性,可以进行统计平均分析。图 6-5 中蓝色柱状表示目标云的各回波参数的统计平均值,图中数据点为雷达每 6 min 一次体扫数据反演的二次产品数据,如果恰好是所取的时间上的,数据可直接获得,如果在两个体扫之间则用线性内插得到该数据。由于其中一次催化前只有 2 个数据点,所以只统计作业前 2 个时间点的数据,第 3 个数据点为催化时的回波参数。可以看出,催化前回波强度增加了 3 dBz;催化后,回波强度平均值随时间先是快速增大,在 12 min 左右达最大,增加了 5 dBz,之后又缓慢减小。回波顶高在催化前呈逐渐增高的趋势,12 min 内增高了 1.5 km,催化后 12 min 增高 1.8 km,最大值维持 6 min 后开始缓慢下降。液态水含量在催化前先减小后增加,变化幅度较小,而催化后迅速上升,到第 24 分钟达到最大,增加了 11 kg/m^2,之后 6 min 内迅速减小。说明作业云体催化后变化比较明显,催化有一定的效果。

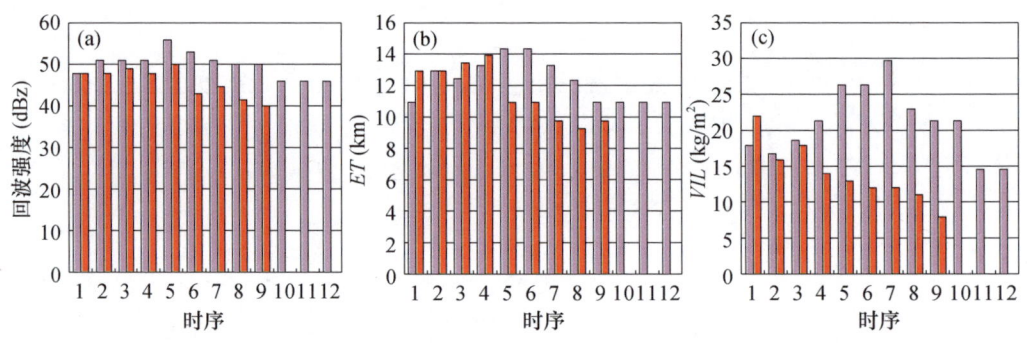

图 6-5 2007 年 8 月 31 日湖北阳新地面作业目标云和对比云回波参数变化特征
(a. 最大回波强度;b. 回波顶高.c. 液态水含量)
(图中蓝色柱状表示目标云,红色柱状表示对比云;横坐标时序间隔为 6 min)

6.2.2.2 目标云、对比云回波参数变化比较

分析表 6-2 发现,催化后(对于对比云,是指与目标云催化时处于同一发展阶段),目标云的各回波参量增大率均比对比云要大,其中,对比云 2 液态水含量和对比云 3 的强回波面积和回波顶高是迅速减小的。对 3 次对比云的统计发现,回波强度平均约增大 5%,强回波面积(将减小值算为 0,下同)平均增大 46%,回波顶高平均增大 12%,液态水含量平均增大 61%,单体生命期平均比对比云长 44 min。从图 6-5 可看出,对比云回波强度和回波顶高在催化前的时间点与目标云相似,有小幅上升,催化后也有小幅上升,幅度比目标云要小;液态水含量催化后的时间点没有增大的过程,而是迅速减小。说明人工催化取得较好的效果。

6.2.3 鄂西地区对流云增雨效果检验应用

选取了2008年湖北省十堰市夏季12个针对对流云人工增雨催化作业的个例（表6-3），利用自动选取对比云的方法对所有个例进行了效果检验方面的分析（唐仁茂，2012b）。可以看出，在单纯以增雨为目的的前提下，个例1～10效果较好，下面对此进行重点分析。

图6-3 2008年湖北十堰市对流云人工增雨催化作业信息表

编号	作业日期（年月日）	作业时间	作业类型	作业点	作业前天气状况	作业后天气状况
1	20080601	14:50	增雨、防雹	十堰大柳	对流云	中雨
2	20080601	17:45	增雨、防雹	十堰牌楼	对流云	阵雨
3	20080601	17:20	增雨、防雹	十堰楼台	对流云	雹云消失
4	20080601	17:10	增雨、防雹	十堰大庙	对流云	雹云消失
5	20080612	12:50	增雨、防雹	十堰双台	对流云	阵雨
6	20080612	14:20	增雨、防雹	十堰楼台	对流云	阵雨
7	20080612	12:47	增雨、防雹	十堰蒿坪河	对流云	阵雨
8	20080627	18:45	增雨、防雹	十堰蒿坪河	对流云	阵雨
9	20080704	15:57	增雨	十堰习家店	对流云	阵雨
10	20080704	16:25	增雨	十堰丁家店	对流云	阵雨
11	20080704	23:46	增雨	十堰习家店	对流云	强雷阵雨
12	20080711	17:30	增雨、防雹	十堰双台	对流云	雷阵雨

6.2.3.1 组合反射率特征分析

组合反射率反映的是雷达体扫垂直气柱中对所有回波强度进行比较在对应格点上显示最大反射率因子值。由图6-6组合反射率CR可以看出，作业时组合反射率最大值都大于40 dBz，回波较强，是由于夏季针对对流云作业除少量个例为单纯增雨作业外，多以防雹为目的，但其周围相对较弱的对流云区仍有一定的增雨潜力，并且在成雹阶段之前以人工激发阵雨的形式冲刷云中水分，使云全部或部分消散，也是人工影响强积云防止其降雹的可能途径。作业前半小时内组合反射率呈现持续增长或间断性起伏变化。

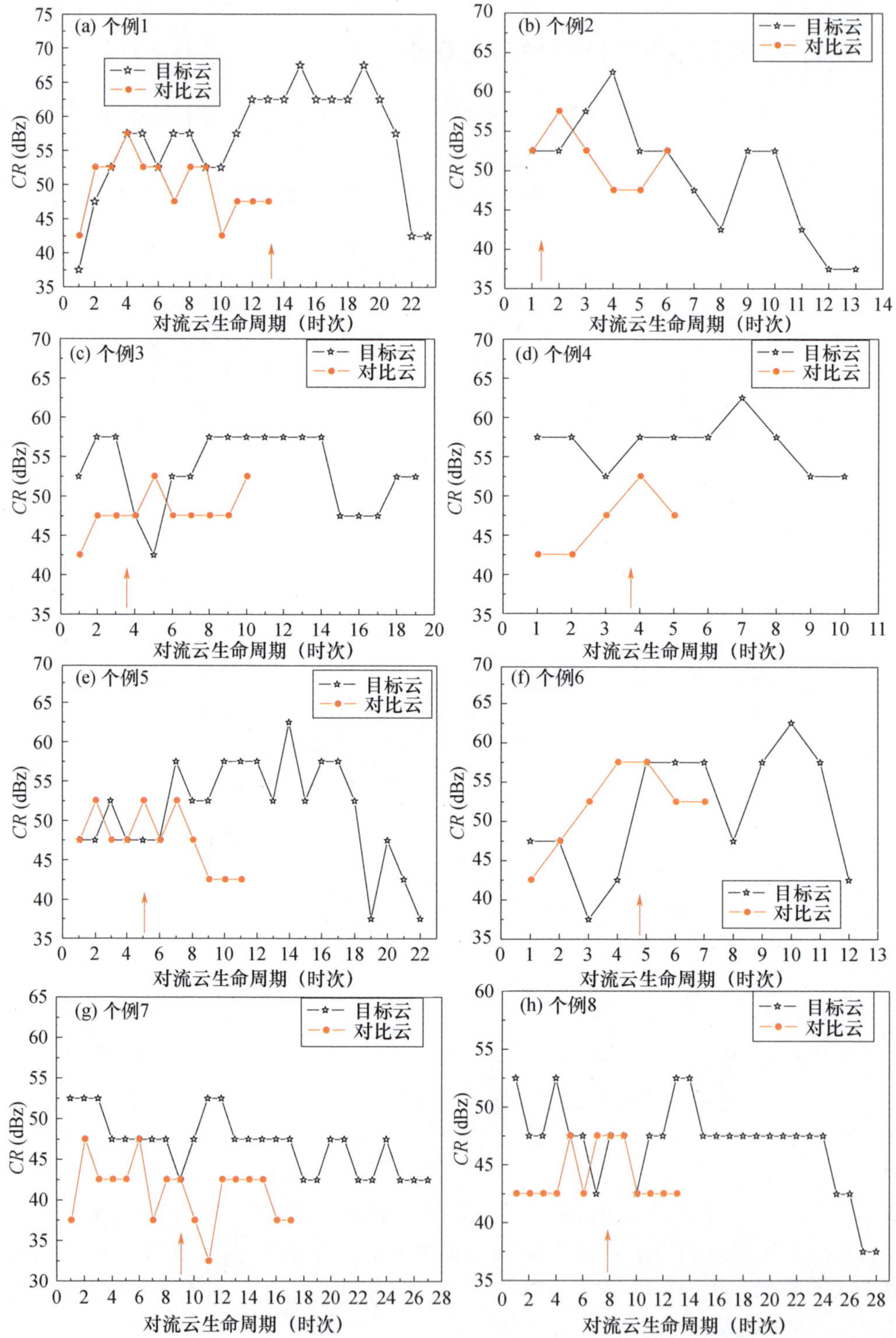
(a) 个例1
(b) 个例2
(c) 个例3
(d) 个例4
(e) 个例5
(f) 个例6
(g) 个例7
(h) 个例8
目标云
对比云
CR (dBz)
对流云生命周期（时次）

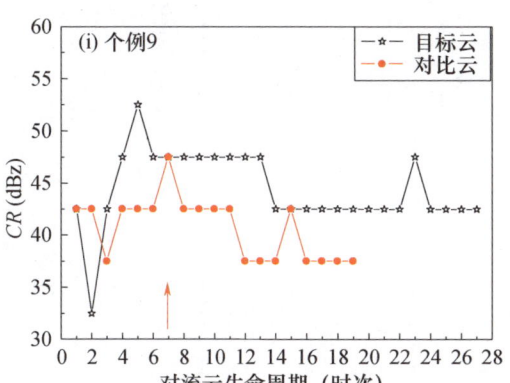
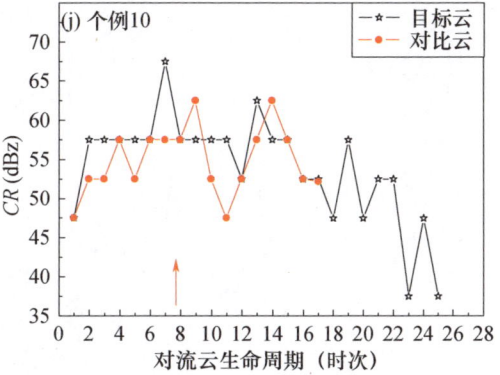

图 6-6 2008 年湖北十堰市人工增雨个例 1~10(a~j)作业前后组合反射率的演变
（横坐标为对流云生命周期每 6 min 取 1 次值；图中箭头表示增雨作业开始时间）

6.2.3.2 回波顶高特征分析

一般而言，对流的强弱在一定程度上和回波伸展的高度有关，所以 ET 产品可用来分析估计雷达探测范围内不同地区的对流发展与否，以及对流相对强弱的情况。由图 6-7 回波顶高 ET 图像产品可以看出，选择催化的目标云对流发展较为旺盛，云顶高度呈逐渐增高或维持状态。作业时有 80% 的回波顶高在 8 km 以上，20% 的回波顶高 5~8 km 之间，说明 8 km 以上的高度区间最适宜进行人工增雨催化作业。

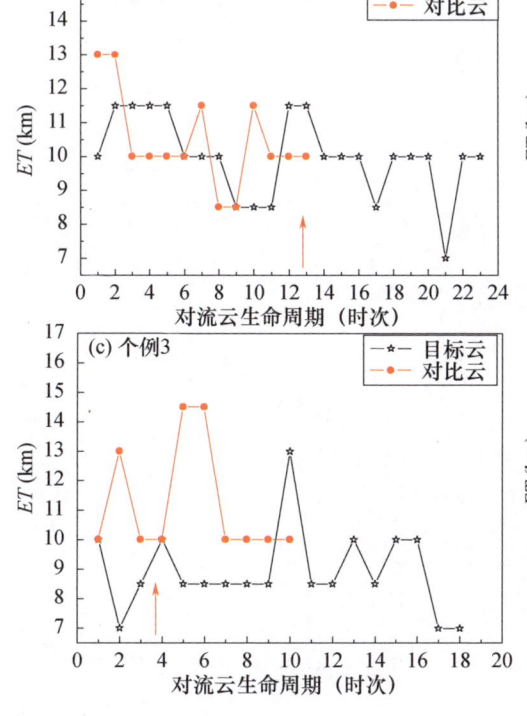
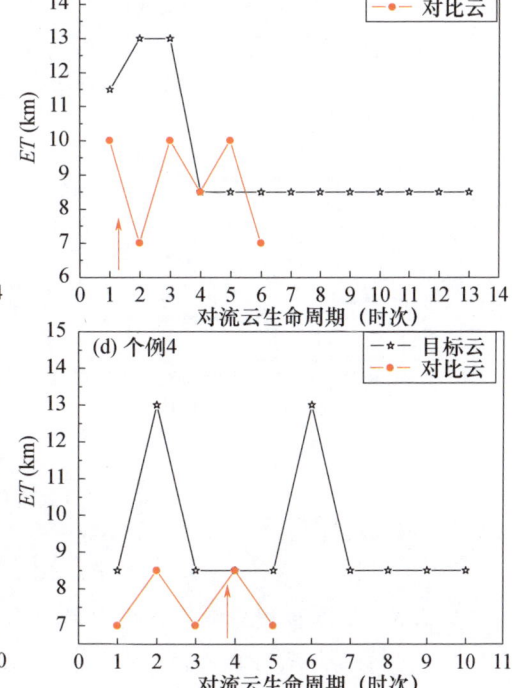

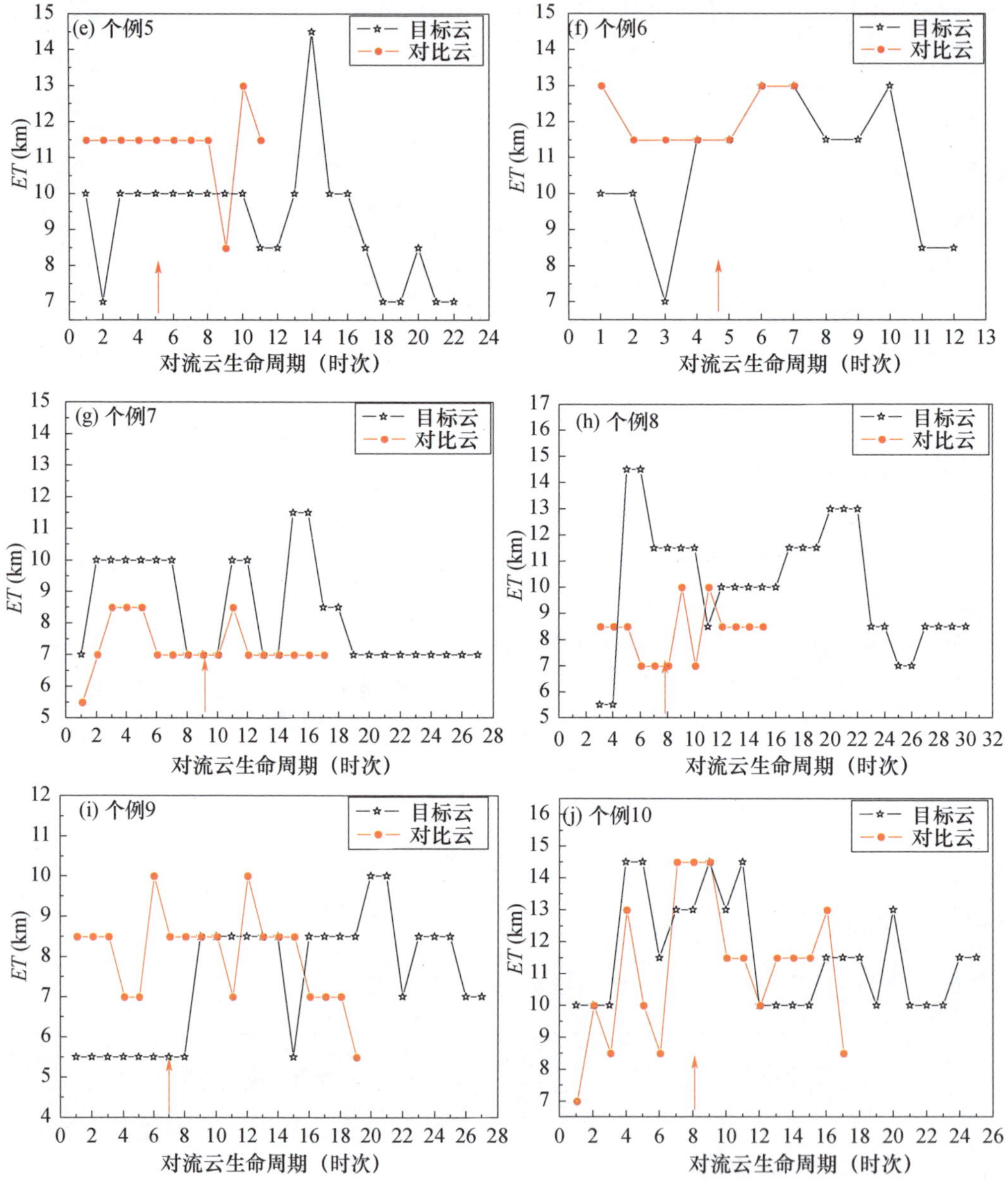

图 6-7　2008 年湖北十堰市人工增雨个例 1～10(a～j)作业前后目标云与
对比云雷达回波顶高的演变

(横坐标为对流云生命周期每 6 min 取 1 次值;图中箭头表示增雨作业开始时间)

6.2.3.3　垂直积分液态水含量特征分析

VIL 产品是反映降水云体中,在某一确定的底面积(一般为 1 km×1 km、2 km×

2 km 和 4 km×4 km 共 3 种,单位为 kg/m²)的垂直柱体内液态水总量的分布图像产品。它是判别强降水及其降水潜力、强对流天气造成的暴雨、暴雪和冰雹等灾害性天气的有效工具之一。由图 6-8 垂直积分液态含水量可以看出,作业前绝大多数目标云的垂直积分液态水含量为 7.5~27.5 kg/m²,平均值为 18.5 kg/m²,即云中已累积了一定量的水成物。作业后 30 min 内迅速增长,证明催化处于发展阶段的对流云,可促使云体进一步发展,云水含量增加。

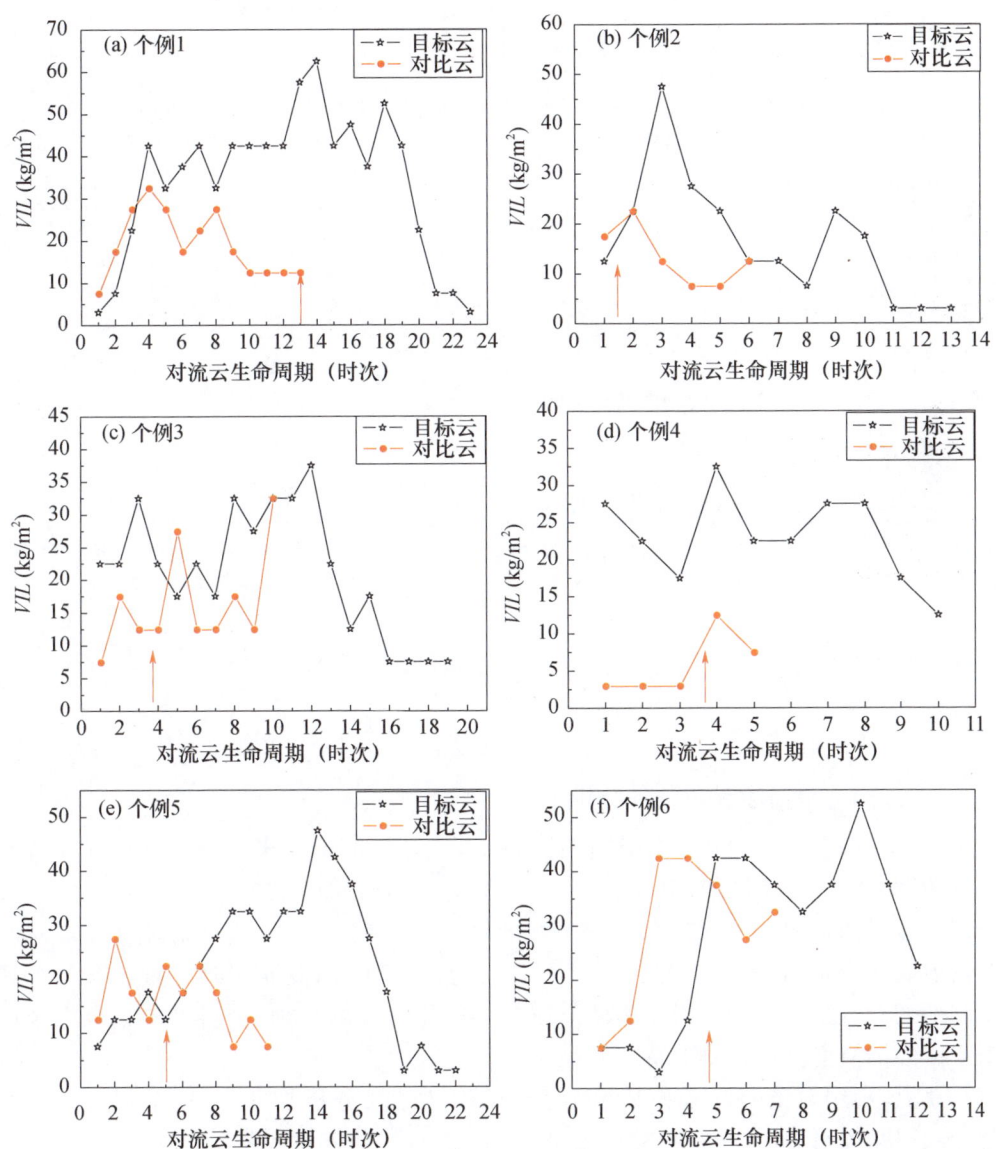

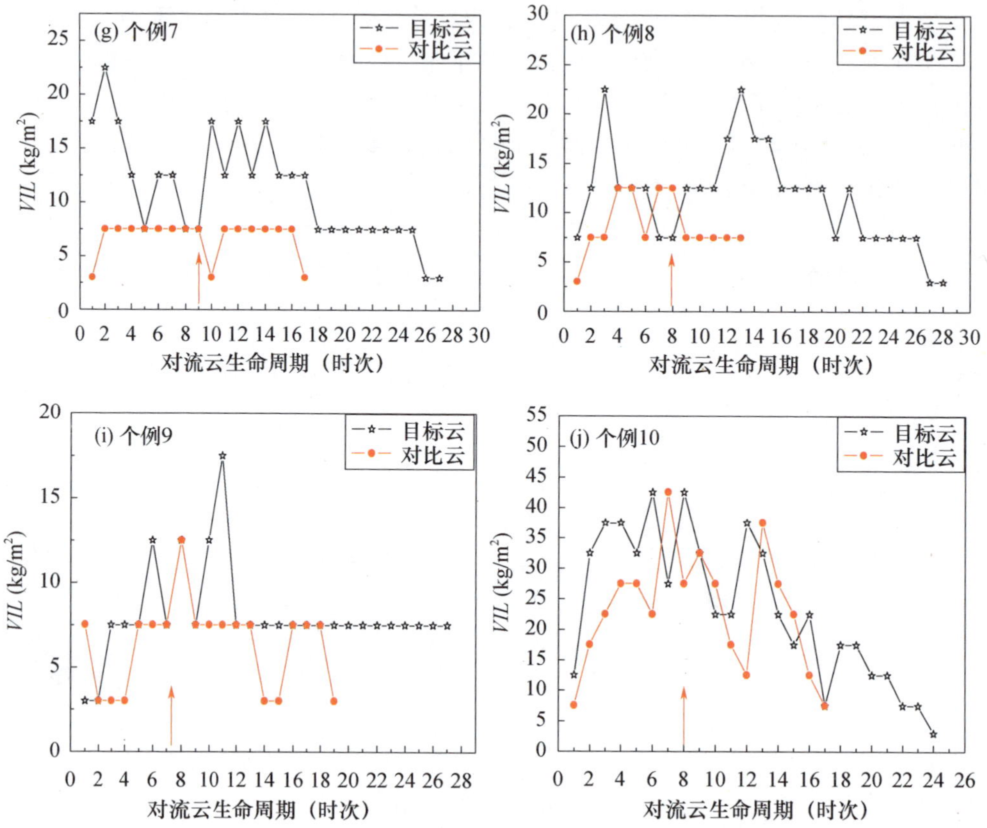

图 6-8　2008 年湖北十堰市人工增雨个例 1~10(a~j)
作业前后垂直积分液态水含量的演变
(横坐标的对流云生命周期每 6 min 取 1 次值；图中箭头表示增雨作业开始时间)

6.2.3.4　强回波面积特征分析

区别于以上几个参量变化，强回波面积(大于 45 dBz)在半小时内可呈现显著增长变化，如图 6-9 强回波面积所示，且不同个例间的回波面积也有显著不同，如以上个例作业时的强回波面积就在 5~264 km² 间不等。究其缘由，有的对流云作业时并未发展到 45 dBz，而有的对流云发展较强，并且计算强回波面积时有可能合并有周围其他的对流云。强回波面积为两个或多个单体面积的叠加，分析时应结合组合反射率产品的演变加以区别对待。

总之，利用对流云人工增雨方法对增雨作业效果分析来看，所选个例从增雨的催化效果角度可以分为两组，其中个例 1~10 有良好的催化效果，而个例 11、12 催化效果不好。良好的催化效果体现在：催化后，目标云发生了比较明显的变化，回波强度、强回波面积、回波顶高、液态含水量等催化后均增大,约 30 min 内都能达到最强,云顶黑体亮温降低;而相应的对比云增大率比目标云小,或者没有增大,大部分的生命期比目标云短。

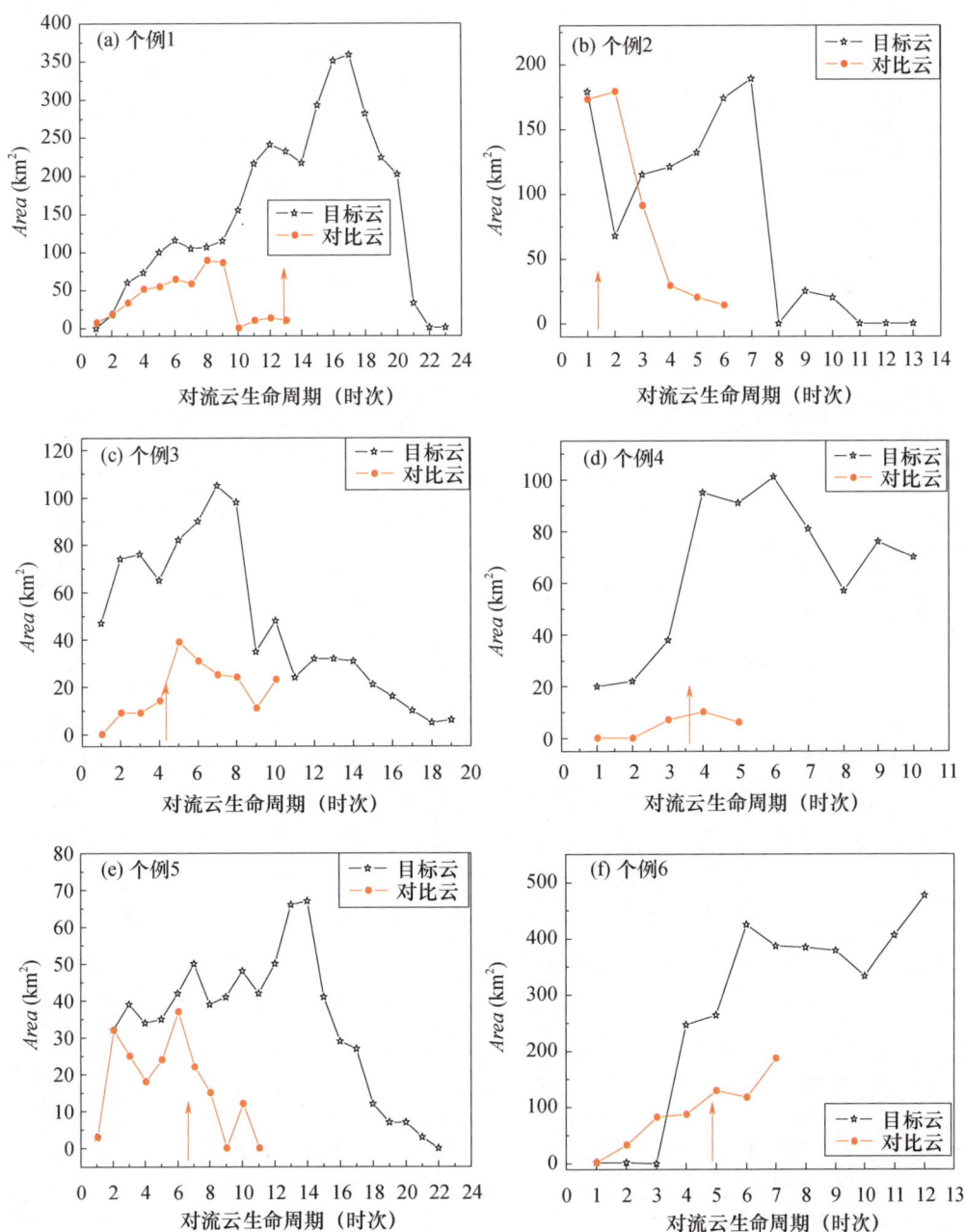

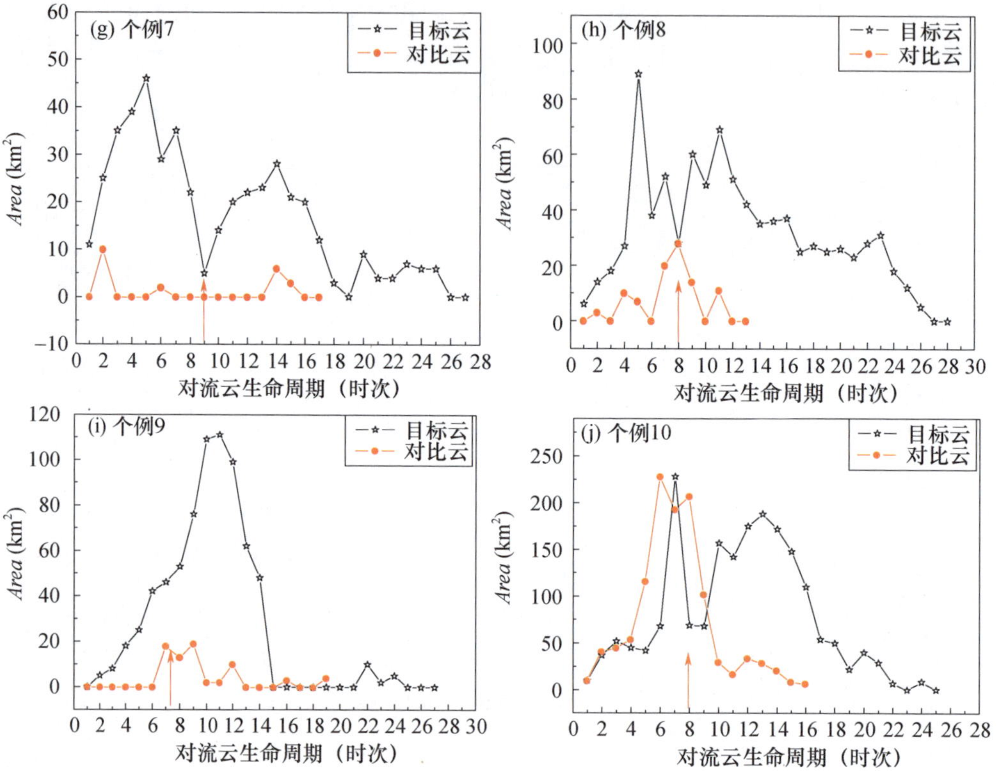

图 6-9 2008 年湖北十堰市人工增雨个例 1~10(a~j)作业前后强回波面积的演变
（横坐标的对流云生命周期每 6 min 取 1 次值；图中箭头表示增雨作业开始时间）

以个例 2~4 为例对良好的催化效果进行详细说明，如表 6-4 所示。催化后，回波强度在 18~24 min 达到最大，增大了 10 dBz，增大率为 20% 左右；回波顶高 6~42 min 达到最高，最大增高 4.5 km，增大率为 13%~53%；液态水含量在 9~25 min 达到最大，最大增大了 35 kg/m²，增大率为 44%~280%；强回波面积在 18~36 min 达到最大，增大率为 6%~166%。上述统计的 4 个特征量在催化后约 30 min 左右都能达到最强。另外，3 个个例目标云的生命史分别为 78 min、114 min、60 min，远大于对比云的 36 min、60 min、30 min，说明作业后对流云的生命史延长，使增加降水的效果更为显著。

表 6-4 2008 年湖北十堰市人工增雨作业个例 2~4 目标云、对比云回波参数变化

个例编号	分析对象	强度			回波顶高			液态水含量			>45 dBz 回波面积		
		时间(min)	增大值(dBz)	增大率(%)	时间(min)	增大值(km)	增大率(%)	时间(min)	增大值(kg/m²)	增大率(%)	时间(min)	增大值(km²)	增大率(%)
2	目标云	18	10	19	6	1.5	13	12	35	280	36	10	6
	对比云	6	5	10	维持			6	5	40	6	6	3

续表

个例编号	分析对象	强度			回波顶高			液态水含量			>45 dBz 回波面积		
		时间(min)	增大值(dBz)	增大率(%)	时间(min)	增大值(km)	增大率(%)	时间(min)	增大值(kg/m²)	增大率(%)	时间(min)	增大值(km²)	增大率(%)
3	目标云	24	10	21	42	4.5	53	24	10	44	18	40	62
	对比云	6	5	11	12	4.5	45	6	15	120	6	25	179
4	目标云	24	10	19	18	4.5	53	6	15	86	18	63	166
	对比云	6	5	11	6	1.5	21	6	9.5	317	6	3	43

6.3 小结

(1) 基于相似离度原理设计的依据雷达回波自动选取对比云的方法能实时快速识别出对比云，追踪目标云与对比云在整个生命期内的回波参量特征，并以图表形式给出目标云自身变化特征和对比结果。它在一定程度上能够消除人为判别的误差，提高效果分析的科学性。

(2) 对于某些试验个例，判别对比云的指标过于苛刻，找不到对比云，可以考虑对判别指标进行分级。比如，组合反射率之差 $|C| \leqslant 5$ dBz 为一级，$5 \text{ dBz} < |C| \leqslant 10 \text{ dBz}$ 为二级，$10 \text{ dBz} < |C| \leqslant 15 \text{ dBz}$ 为三级。

(3) 鄂东应用结果表明，找出的对比云在前期发展趋势与目标云相似，而目标云的生命期比对比云的长，强回波面积多一个峰值，回波顶高极值持续时间长，说明催化效果明显。

(4) 从鄂西的应用发现 12 个个例中有 10 个取得良好的催化效果，增雨作业催化后，目标云发生了比较明显的变化，回波强度、强回波面积、回波顶高、液态含水量等催化后均增大，约 30 min 都能达到最强；而相应的对比云增大率比目标云小，或者没有增大，大部分的生命期比目标云短。

第 7 章
对流云跟踪监测及作业效果分析系统研制

在前述研究的基础上,先后开发"人工增雨综合监测识别技术系统""对流云雷达跟踪监测及催化效果分析系统""基于 LAPS 和 SWAN 的人工影响天气业务平台",通过边开发边应用边完善,最终集成发展了"对流云跟踪监测及作业效果分析系统"。

7.1 系统构架

对流云跟踪监测及作业效果分析系统(主界面如图 7-1):集成多种监测识别技术方法,对对流云人工增雨条件进行综合跟踪监测和识别;确定人工影响天气作业目标云,计算作业技术参数,科学指导人工增雨作业(袁正腾,2012);基于相似离度原理,自动识别作业对比云,实现人工影响天气作业效果分析与检验(唐仁茂,2010)。

图 7-1 对流云跟踪监测及作业效果分析系统主界面

对流云跟踪监测及作业效果分析系统采用 C/S 架构,其总体逻辑结构分为三个层次:应用层、技术层和数据层(图 7-2)。数据层为系统提供基础数据支持,包括人影业务数据库、相关气象业务数据库、基础地理数据库和各类数据文件库;技术层为系统提供技术支持,包括数据库技术、网络技术、信息安全技术、GIS、GPS 和气象信息处理技术等等;应用层是整个系统的核心,实现省级人工影响天气的业务功能,包括数据采集与处理、综合监测分析、作业条件识别、作业技术参数计算、对比云自动识别、作业效果分析检验等。

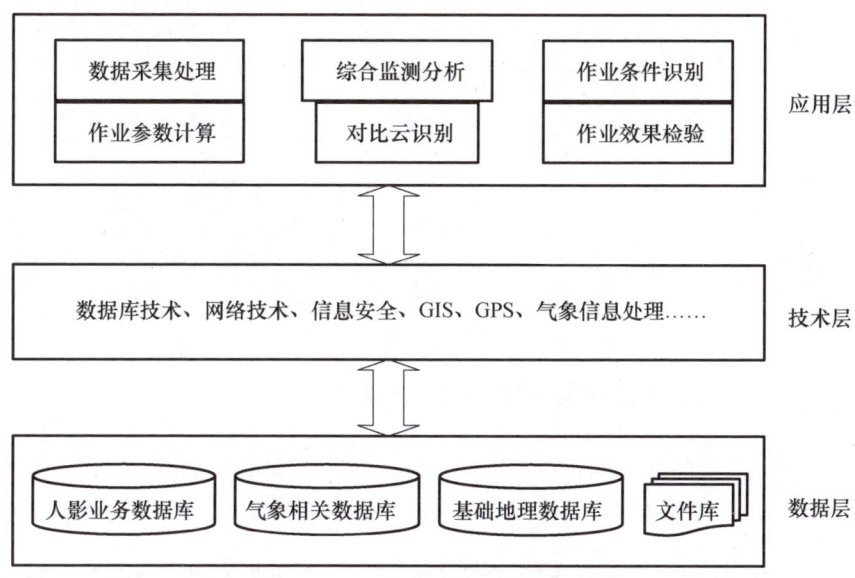

图 7-2 对流云跟踪监测及作业效果分析系统的总体架构

7.2 数据采集与处理

数据采集与处理模块实现 LAPS 数据、卫星反演云参数数据、雷达数据等的采集与处理。

7.2.1 LAPS 数据采集处理

以 LAPS 数据产品为基础,对 33 种物理量整理分类;进行坐标转换、裁剪水平空间范围、数据格式转换等处理;计算 0 ℃、−4 ℃、−10 ℃和−24 ℃对应高度数据、0 ℃层 U、V 风数据;根据 LAPS 指标,通过提取、叠置等处理分析,得到 LAPS 作业条件预报等级栅格数据(图 7-3)。

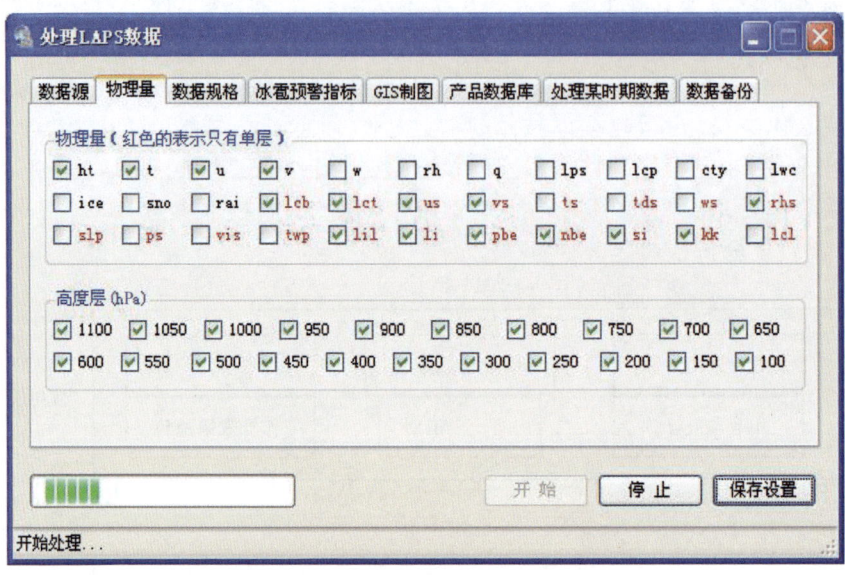

图 7-3　LAPS 数据采集处理界面

7.2.2　卫星反演云参数数据采集处理

以 FY-2C/D 数据为基础,处理出用于湖北人工影响天气的有效粒子半径、光学厚度、云体亮温、过冷层厚度、液水路径、云顶高度和云顶温度等参数(图 7-4)。

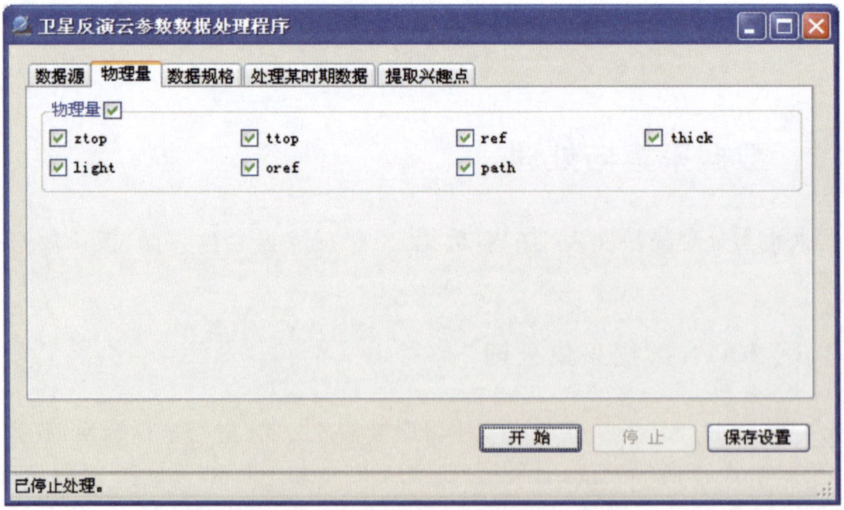

图 7-4　卫星反演数据采集处理界面

7.2.3 雷达数据采集处理

以雷达 PUP 产品数据为基础,处理出用于湖北人工影响天气的组合反射率、回波顶高、垂直液态水含量、风暴追踪信息和风暴结构的数据;根据雷达指标,通过提取、叠置等处理分析,得到雷达作业临近预警栅格数据(图 7-5)。

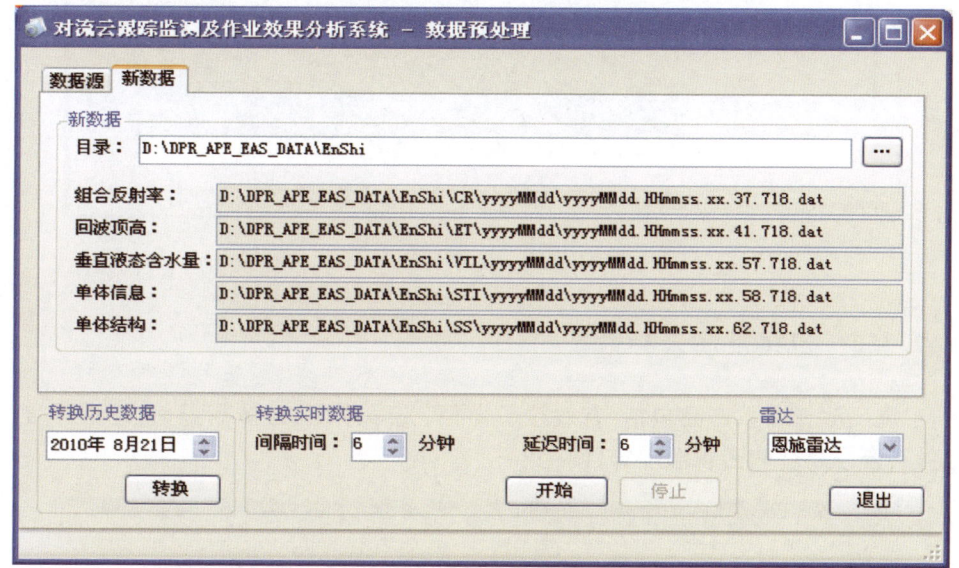

图 7-5 雷达数据采集处理界面

7.3 综合监测分析

综合监测分析模块:集成 LAPS、微波辐射计、卫星反演云参数、多普勒天气雷达、微波辐射计、云雷达、云高仪和雨滴谱仪等多种监测识别技术方法,实现对对流云人工增雨条件进行综合监测分析。

7.3.1 LAPS 物理量分析

LAPS 物理量分析包括液态水含量、云底高度、云顶高度、0 ℃层高度、地面相对湿度、K 指数、SI 指数、LI 指数、对流有效位能、对流抑制能量和冰雹预警等级等(图 7-6)。

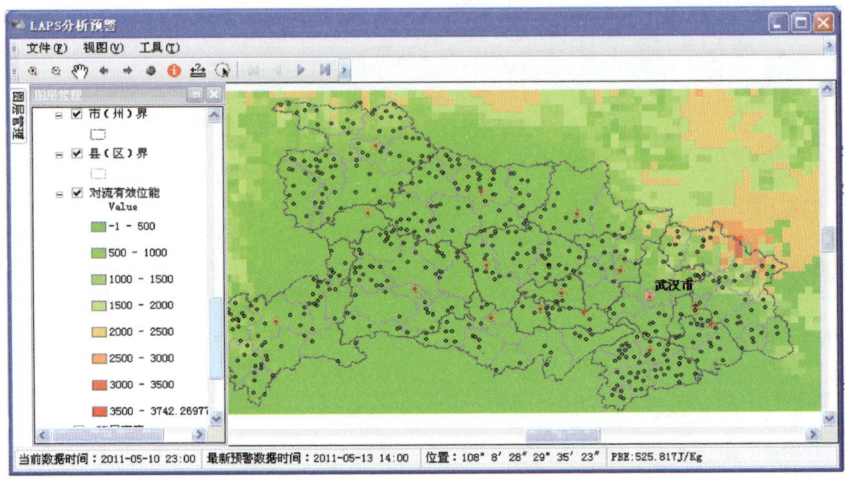

图 7-6　LAPS 对流有效位能产品示例

7.3.2　卫星反演云参数

卫星反演云参数产品包括:有效粒子半径、光学厚度、云体亮温、过冷层厚度、液水路径、云顶高度和云顶温度等(图 7-7)。

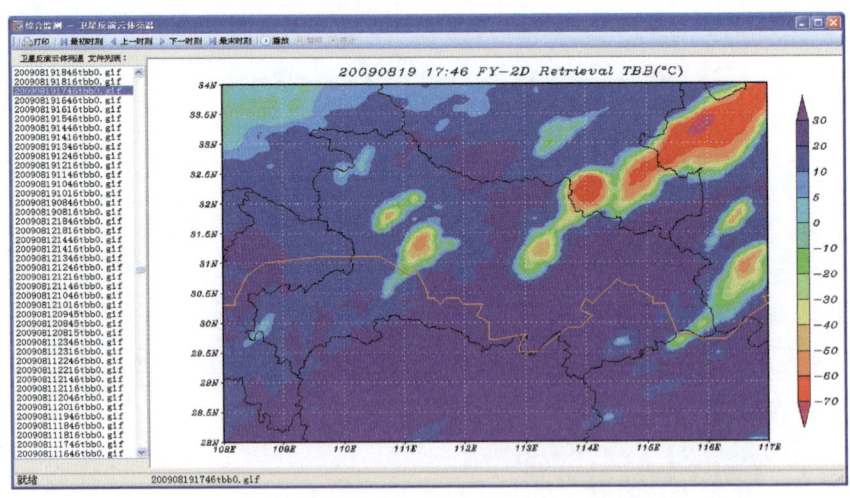

图 7-7　卫星反演云参数云体亮温产品示例

7.3.3　多普勒天气雷达监测

多普勒天气雷达拼图监测产品包括组合反射率、回波顶高、垂直积分液态水含量等(图 7-8)。

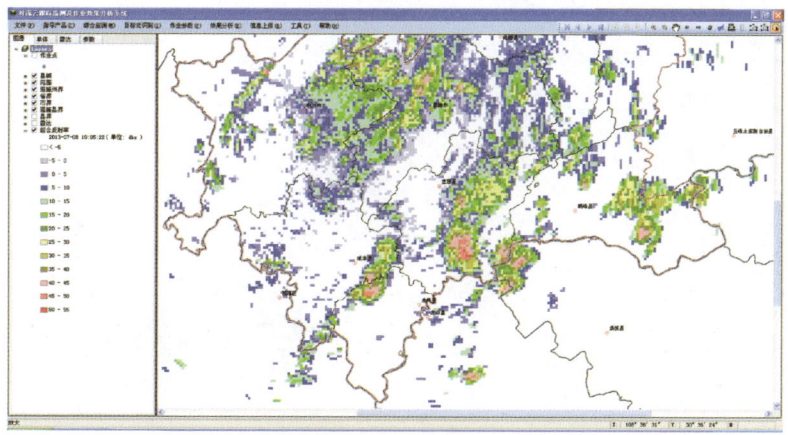

图 7-8　雷达拼图组合反射率产品示例

7.3.4　微波辐射计监测

微波辐射计监测产品包括：整层水汽/液态水/云底高度演变廓线、分钟垂直廓线和小时区间段廓线等（图 7-9）。

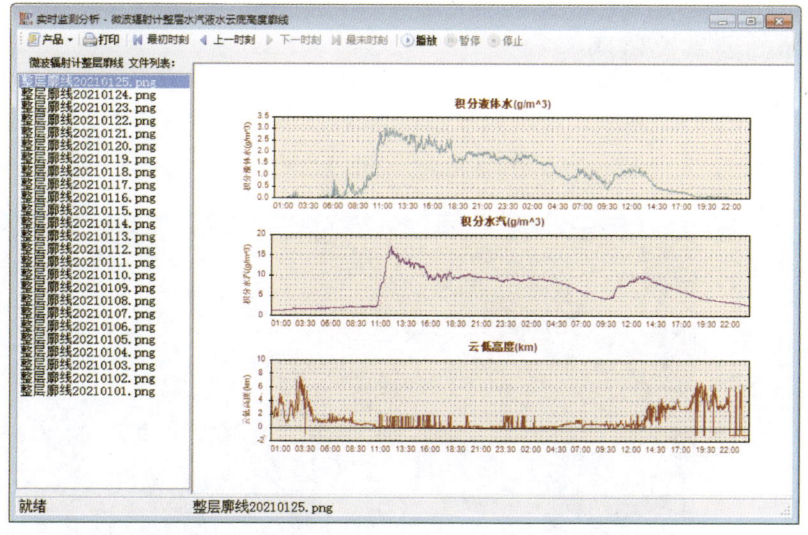

图 7-9　微波辐射计整层水汽/液态水/云底高度演变廓线产品示例

7.3.5　云雷达监测

云雷达监测产品包括：基本反射率、基本速度、基本谱宽、液态水含量、功率谱、信噪比和 Z 衰减订正等（图 7-10）。

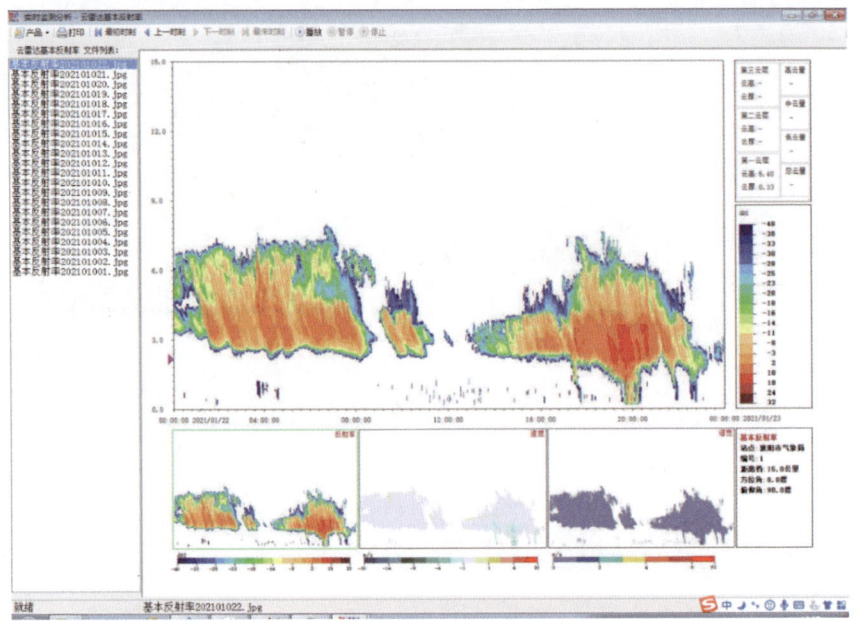

图 7-10　云雷达基本反射率产品示例

7.3.6　云高仪监测

云高仪监测产品包括:S 函数图像、消光系数图像和云层结构等(图 7-11)。

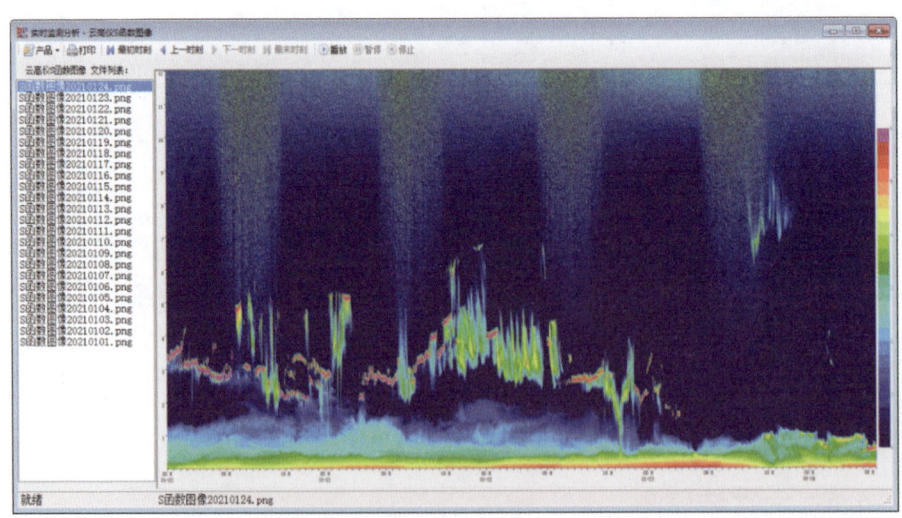

图 7-11　云高仪 S 函数图像产品示例

7.3.7 微雨雷达监测

微雨雷达监测产品包括:雷达反射率、液水含量、降水率和粒子下落速度等(图 7-12)。

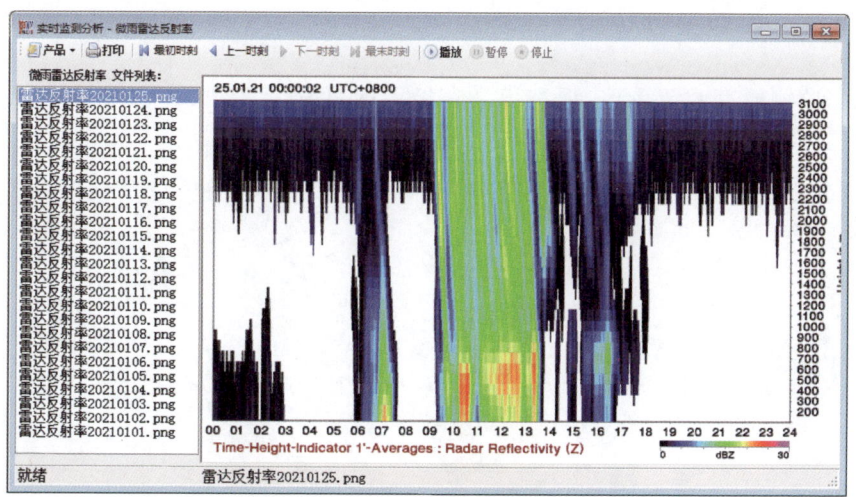

图 7-12　微雨雷达反射率产品示例

7.3.8 雨滴谱仪监测

雨滴谱仪监测产品包括:雨滴数浓度雨强变化图、平均直径雨强散点图、Nw 参数雨强散点图、Nw 参数平均直径雨强散点图、参量演变曲线图、平均直径谱分布图和速度谱分布图等(图 7-13)。

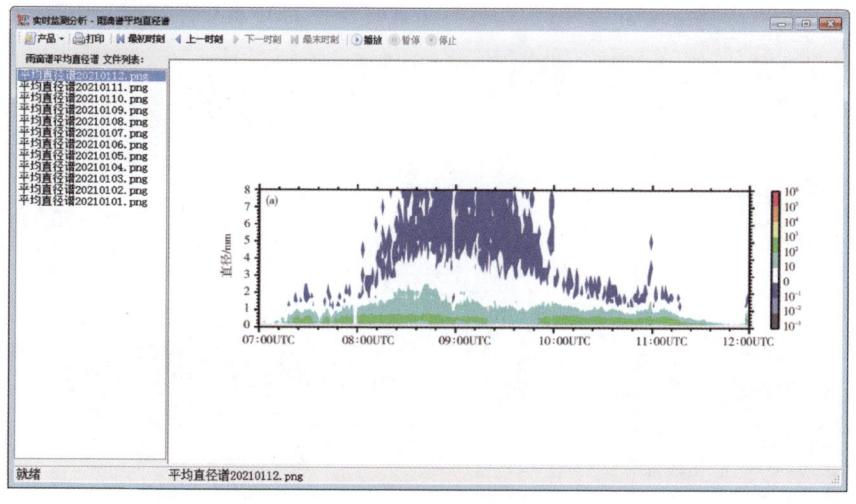

图 7-13　雨滴谱平均直径谱产品示例

7.4 作业条件识别

7.4.1 作业条件识别

跟踪监测所有对流单体,识别出潜在增雨的目标云、潜在防雹的目标云和非潜在目标云(图 7-14)。

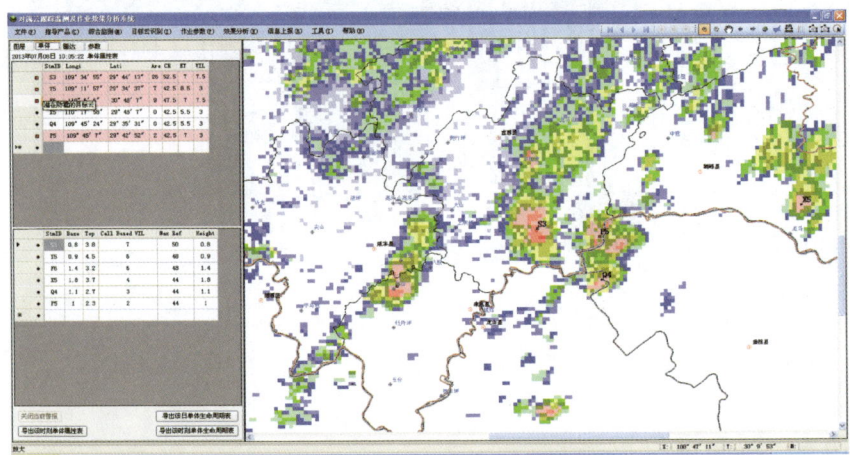

图 7-14 作业条件识别界面

7.4.2 确定目标云

用户再根据作业需求,选择确定最终合适的作业目标云(图 7-15)。

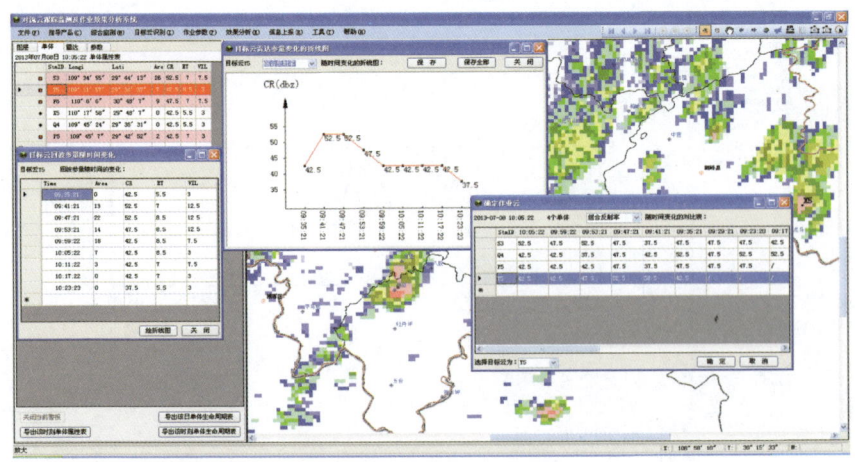

图 7-15 确定目标云界面

7.5 作业技术参数计算

作业技术参数计算模块:计算作业方位、距离、高度、面积和用弹量等技术参数。包括人机交互计算和自动化制作作业技术参数产品两种方式。

7.5.1 人机交互计算作业技术参数

7.5.1.1 测量目标云相对作业点的方位

在地图上左键单击该作业点,再单击目标云,则系统界面左侧"参数"选项卡中显示出作业站点的编号、所属区县、名称,以及目标云相对于作业站点的距离和方向(图 7-16)。

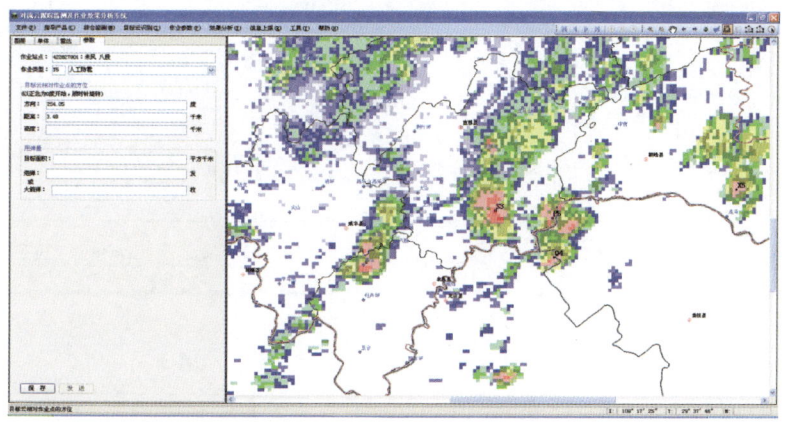

图 7-16 确定方位和距离界面

7.5.1.2 测算用弹量等作业技术参数

根据作业目标云的强度、形状,在地图上拉框(按住左键),则系统界面左侧"参数"选项卡中显示出作业类型、高度、面积、炮弹量和火箭弹量(图 7-17)。

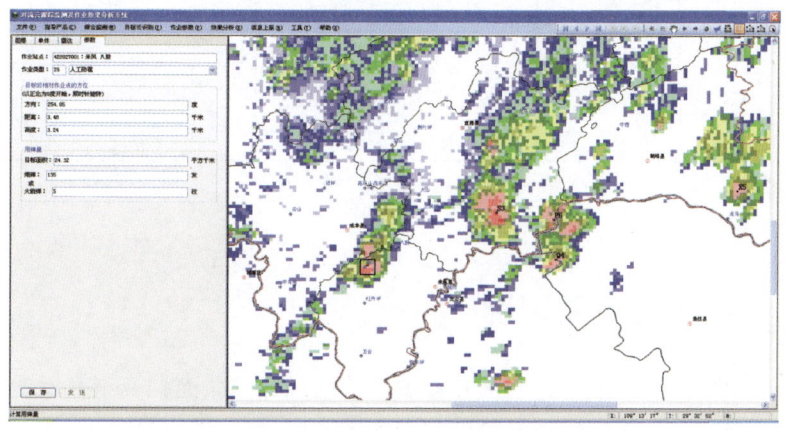

图 7-17 计算高度、用弹量等参数界面

7.5.2 自动制作作业技术参数产品

通过自动化处理(图7-18),进行人影作业临近预警和目标云识别,并计算用弹量、距离目标云最近的作业点及其发射方位角和距离,给出作业高度参考,最后生成人工增雨作业技术参数产品(图7-19)。

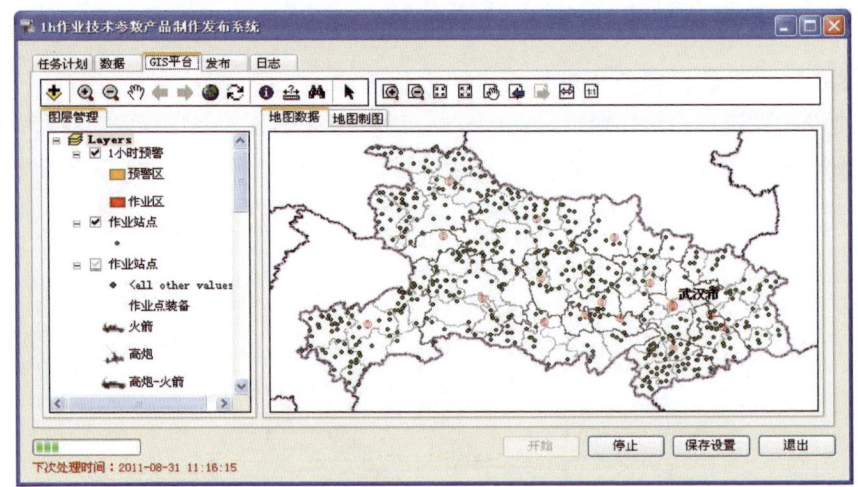

图7-18 自动化制作界面

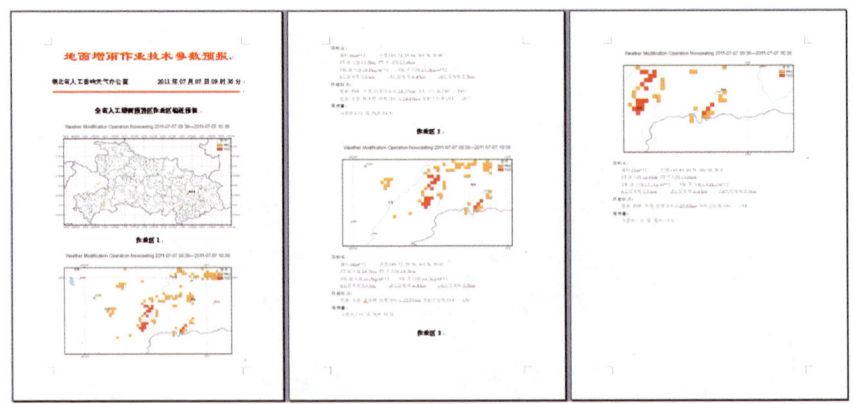

图7-19 作业技术参数产品示例

7.6 对比云自动识别

对比云识别自动识别:通过对流单体的生成时间、距离、面积及组合反射率、回波顶高、垂直积分液态水含量等回波参量的相似离度计算,自动识别对比云(图7-20)。

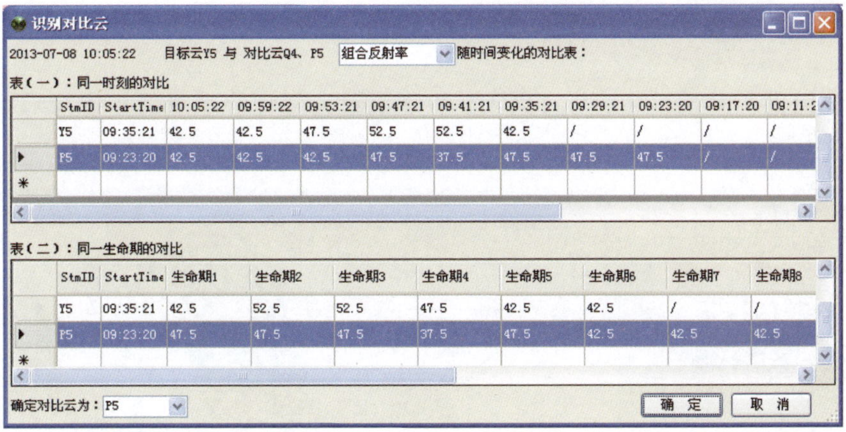

图 7-20　自动识别对比云窗口

7.7　作业效果分析检验

作业效果检验：实现目标云作业前后的回波参量变化，以及目标云与对比云回波参量和雨量的对比分析与检验。

7.7.1　回波参量对比

系统提供目标云与对比云的组合反射率、回波顶高、面积、垂直液态水含量等回波参量按时刻和时次演变的对比图表（图 7-21）。

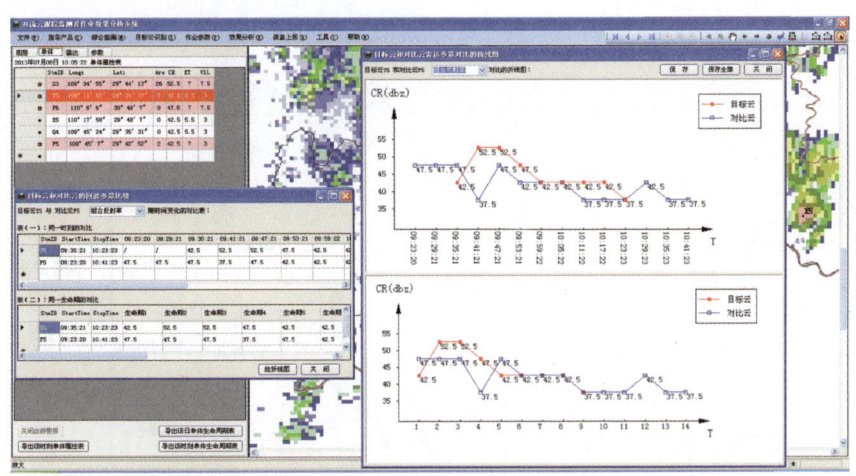

图 7-21　目标云与对比云回波参量演变的对比界面

7.7.2 雨量对比

系统提供目标云影响区与对比区平均降雨量和累计降水量的对比结果,给出增雨量值(图7-22)。

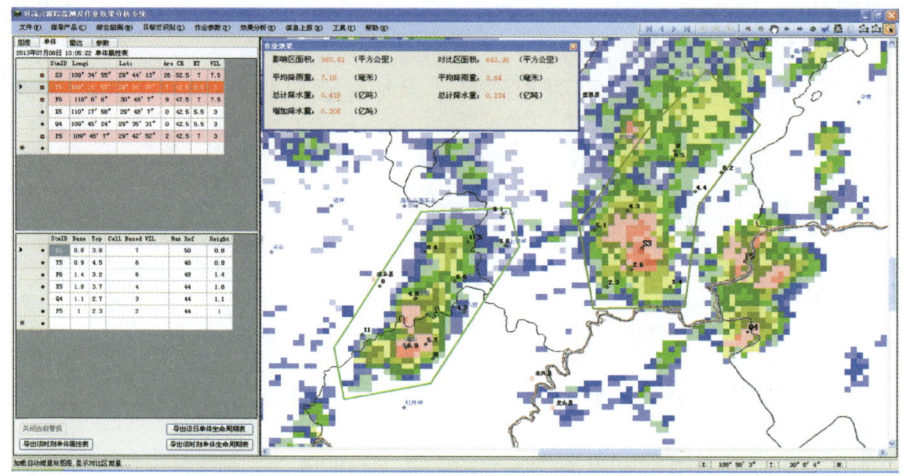

图7-22 目标影响区与对比区的雨量对比界面

7.8 系统设置

系统设置:实现对系统数据路径、监测产品、目标云对比云识别参数和作业技术参数计算等的设置(图7-23)。

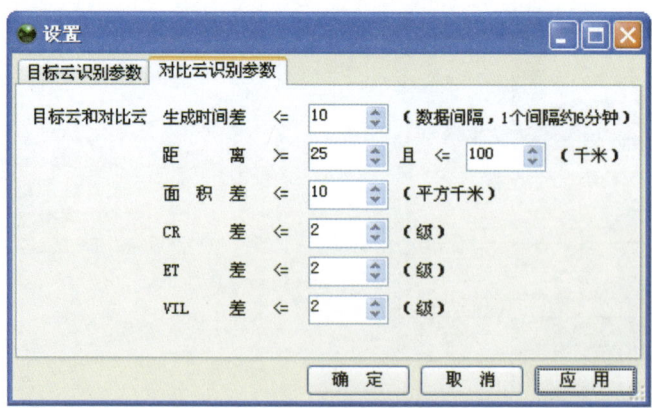

图7-23 目标云对比云识别参数设置界面

7.9 小结

对流云跟踪监测及作业效果分析系统集成多种对流云跟踪监测技术,提供综合调用或者显示,实现对对流云作业条件进行跟踪监测和识别;确定作业目标云,计算作业技术参数,并生成湖北省对流云人工增雨临近预警和作业技术参数产品,科学指导人工增雨作业;基于相似离度原理,自动识别作业对比云,实现人工影响天气作业效果分析与检验。

系统在业务中不断应用完善,使得在对流云跟踪监测技术、作业条件识别、作业效果分析检验技术等方面更加准确,提升了湖北省对流云人工增雨作业指挥能力和人工增雨的效率,增强了气象部门服务社会各种需求的能力,对近几年缓解湖北省北部旱情、鄂西烟叶种植区防雹、改善和保护武汉城市圈、鄂西生态文化旅游圈生态环境、保障重大社会活动等方面具有重要的意义。

第 8 章
对流云人工增雨技术的业务应用

人工影响天气是服务于防灾减灾、保护人民生命财产安全和提高人民生活质量、科学开发利用空中云水资源、建设与保护生态环境的重要科技手段之一。建立和完善对流云人工增雨技术体系,能更好地为开发湖北云水资源提供关键技术和科学方法。本书总结了团队在对流云人工增雨的关键技术领域多年研究取得的以下几个方面的关键技术成果:(1)利用 FY 卫星资料和微波辐射计资料反演技术,结合相变理论,从回波结构、云结构、水物质条件、抬升条件等多个方面建立了对流云人工增雨作业条件综合识别指标,在湖北省和推广地区的安徽、海南、西藏等地得到应用,识别成功率达 90%;(2)利用新资料(FY-3、微波辐射计)和新方法(LAPS 结合对流云模式)从不同方面研究了强对流云监测识别和临近预警技术,建立了针对强对流云临近预警指标体系,在湖北地区得到广泛应用;(3)建立了雷达自动识别作业云和非作业云技术,选择与降水相关性高的雷达参数,计算各参数的贡献率,建立判定方程,自动区分出潜在作业目标云和非目标云(对流单体);(4)发展了对流云人工增雨效果物理检验方法,基于多普勒雷达产品和相似离度原理,提出了自动选取对比云进行人工增雨效果检验方法,2008—2015年在湖北省检验催化地面作业次数达 4991 次,检验发现催化后单体生命史比非作业单体延长 15~30 min,平均增雨率为 23%。基于以上成果,自主研发了集对流云跟踪监测与效果分析检验于一体的对流云人工增雨业务系统。

研究过程中注重理论研究与业务应用相结合,边研究边应用,实现了滚动开发,连续应用,在实际业务应用中发挥了很大作用,并取得良好的服务效果。其中,对流云跟踪监测技术、作业条件识别技术为省市级人影业务部门寻找最佳作业时机提供了科学决策依据,自动找寻对比云进行效果分析与检验方法可以发挥业务技术作用,减少人为因素干扰;对流云跟踪监测与效果分析与检验系统为省级以及各地市州做好对流云人工增雨预警和作业技术参数等产品,及时为相关人影指导服务和指挥作业提供科学依据。对流云人工增雨的关键技术为湖北省对流云人工增雨提供有效的科技支撑,也适合在南方对流云多发地区进行应用,已在湖北省市县三级人影业务部门以及安徽、海南、西藏和四川等省级人工影响天气部门,湖北省防汛抗旱指挥部办公室、湖北省烟草生产可持续发展领导小组办公室、湖北省森林防火指挥部办公室及武汉市环境保护局等单位得到应用，提升了人影作业指挥能力和人工增雨效率，增强了人工影响天气响应社会各种需求的能力，对近几年缓解湖北省北部旱情、鄂西烟叶种植区增雨抗旱、改善和保护武汉城市圈、鄂西生态文化旅游圈生态环境、保障重大社会活动等方面具有重要的意义，其社会、经济和生态效益十分可观(李德俊 等，2017；唐仁茂 等，2017)。

8.1 典型个例应用

本节选取 2008 年和 2014 年 2 个针对对流云人工增雨催化作业的个例进行业务应用的说明。所选个例作业信息如表 8-1 所示：其中夏季和秋季(李德俊 等，2016b)各 1 例。

表 8-1 对流云人工增雨催化作业信息表

编号	作业日期（年月日）	作业时间	作业云类型	作业类型	作业点	作业前天气状况	作业后天气状况
1	20080704	23:46	对流云	增雨	十堰习家店	阵雨	强雷阵雨
2	20140929	00:11	对流云	增雨	武汉东西湖	多云	中到大雨

8.1.1 一次夏季对流云人工增雨作业(2008 年 7 月 4 日)

8.1.1.1 回波强度 PPI

目前人工影响天气作业中最常用的是反射率因子 PPI 图像产品，该产品直观易懂，方便指挥作业。由该产品，根据强回波位置和云顶雷达反射率梯度，能够识别对流云发展演变的各个阶段。

1. 作业时不同仰角回波强度 PPI 图

由图 8-1 可以看出，对流云发展的程度可以由不同仰角的基本反射率因子 PPI 图像产品定性判别：回波顶部反射率梯度大且向上增长，可以判定为云体处于发展阶段。最大回波强度在 55～60 dBz 之间。当最大回波强度大于 50 dBz 时，则在增雨的同时要考虑到降雹的可能。

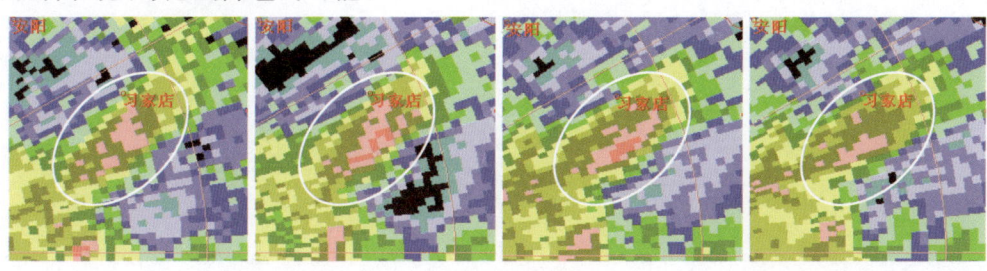

图 8-1 2008 年 7 月 4 日作业时不同仰角回波强度 PPI 图像
(从左到右依次为仰角 0.5°、1.5°、2.4°、3.4°)

2. 回波强度 PPI(2.4°仰角)随时间的演变

除回波的垂直方向上的分布特性外,回波时间序列上的增长也是对流云发展的一个重要特征,从图 8-2 可以看出,个例 1 催化作业前目标云的反射率均处于增长或上下小幅波动维持大值阶段,且向着下游作业区移动,是火箭增雨作业的最佳时机。

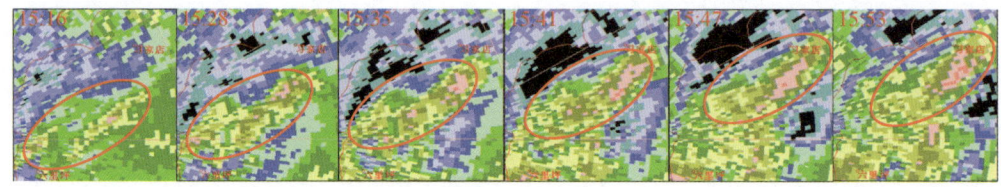

图 8-2　2008 年 7 月 4 日作业前 30 min 2.4°仰角回波强度 PPI 随时间(从左到右 6 个时次)的演变

8.1.1.2　基于 FY-3 极轨卫星资料的强对流云团识别

卫星资料在判识大范围云系的整体分布上有着明显的优势,利用 FY-3 极轨气象卫星携带的中分辨率光谱成像仪 MERSI 中的三通道融合资料及反演得到的云微物理产品,建立了强对流云识别指标,可简要归纳为:橙红色的三光谱特征,有低层云,有纹理结构,位于上风方,新生的对流单体,有暗影,"V"形云的楔尖处,同时具备低的云顶黑体亮温($<-60\ ℃$)、大的光学厚度(>100)、中等的有效粒子半径($20\sim30\ \mu m$)三项特征。由表 8-2 可以看到 2008 年 7 月 4 日这次个例中云顶黑体亮温略偏高,说明对流程度相对弱一些。

表 8-2　2008 年 7 月 4 日强对流云大气层结、云团外形及云宏微观参数

参数	2008 年 7 月 4 日
大气层结	
K 指数	38
不稳定指数	0.2
沙氏指数	0
云团外形	
结构形式	椭圆形
尺度(单位:经纬距)	1.5×2
边界形状	卷云羽
纹理	有
暗影	无

续表

参数	2008年7月4日
云宏观参数	
云顶黑体亮温(℃)	−50～−60
云光学厚度	>100
有效粒子半径(μm)	20～30
多光谱特征	橙色
降水强度	
最大小时雨量	>15 mm

8.1.1.3 对流云人工增雨潜力云模式模拟研究

1. 宏观特征分析

(1) 自然降水宏观特征

2008年7月4日过程24 h自然降水量观测值为34.7 mm。试验模拟的最大上升速度较小,降雹量也较小(表8-3)。根据对于对流云模拟结果分类的标准以及雷达观测,判定7月4日属于混合对流。

表8-3 三维积云模式模拟2008年7月4日自然降水宏观特征

时间 (年-月-日)	降水总量 (kt)	单点最大 降水量(mm)	最大上升 速度(m/s)	降雹总量 (kt)	平均降水 效率(%)
2008-07-04	1421	27.5	16.5	10	18.36

(2) 催化宏观特征分析

由表8-4可以看出,催化后,地面降水和平均降雨效率均增加。降雹减少了10%,相应的增雨率较低,为1.9%。

表8-4 2008年7月4日催化云与自然云宏观量差值

时间 (年-月-日)	降水总量 增加(kt)	降雨强度 增加(kt)	最大上升速度 增加(m/s)	降雹总量 减少率(%)	平均降水效率 增加(%)	增雨率 (%)
2008-07-04	27	1.5	0	10	0.65	1.9

图8-3为7月4日试验个例模拟的自然云和催化地面总降水分布。可以看出,降水大值(>12 mm)及区域变化不明显,而3～6 mm的大块区域变为6～9 mm。这也说明了自然降水量小(1～5 mm范围)增雨潜力很大。

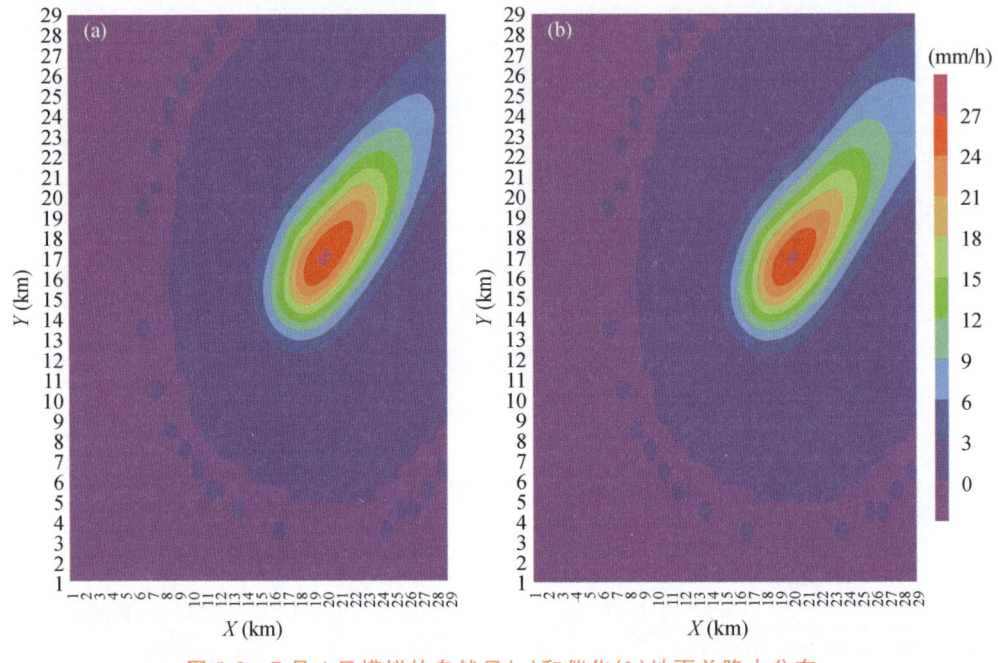

图 8-3 7月4日模拟的自然云(a)和催化(b)地面总降水分布

2. 微物理分析

(1) 自然降水微物理过程分析

① 总体特征

从表 8-5 中 7 月 4 日试验降水粒子生成总量的模拟结果可以看出,此次个例降水较多,但冰晶、霰的生成少,对流较弱。

表 8-5 2008 年 7 月 4 日试验降水粒子生成总量(单位:kt)

时间(年-月-日)	Tr	Ti	Tg	Th	Ts
2008-07-04	1954	1426	683/867	103	248

② 雨水生成

从表 8-6 中可以看出,7 月 4 日暖云过程生成的雨水粒子多。其中雨滴通过碰并收集云水($CLcr$)占生成雨水的比例为 63%,霰融化成雨水($Mlgr$)占 27%,雹融化为雨水($Mlhr$)占 5%。

表 8-6 2008 年 7 月 4 日试验雨水粒子生成微物理过程(单位:kt)

时间(年-月-日)	tr	$Mlhr$	$Mlgr$	$Clir$	$Clhr$	$Clgr$	$Clcr$	Acr
2008-07-04	1954	93	528	1.3	15	77	1228	10

从图 8-4 中可以看出,云水粒子一般在云发展初期生成,随后雨水粒子迅速生

成,9 min开始生成并迅速增长,在18 min达到最强,后期降水开始落地,同时生成雨水粒子的冰相过程启动,地面降水分钟生成量随时间的变化趋势跟霰融化为雨水极为相似,且在起始时间、峰值时间、结束时间都是基本对应的。

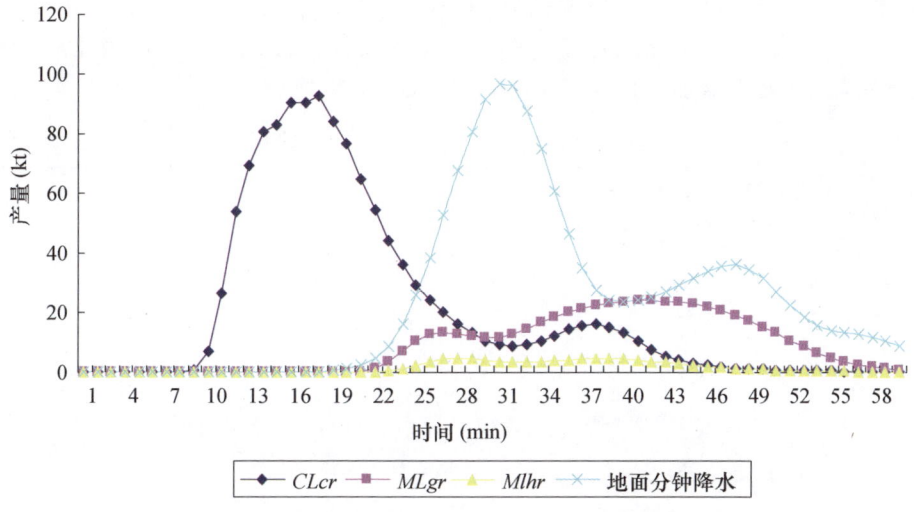

图8-4 2008年7月4日试验雨水生成主要微物理过程随时间的变化

③冰晶

由表8-7可以看出,冰晶生成的主要过程均为冰晶凝华增长($VDvi$)和云水匀质冻结成冰晶($HNUci$)。$VDvi$试验中占71.2%,而$HNUci$占21.3%,冰晶在18 min(图1-9)开始生成,峰值时间出现在第33分钟,为单峰结构,说明对流强度不强。

表8-7 2008年7月4日试验冰晶生成项产量(单位:kt)

时间(年-月-日)	Ti	$NUvi$	Pci	$CLci$	$VDvi$	$HNUci$
2008-07-04	1426.04	79.48	4.2	23.94	1015.18	303.24

④霰

由表8-8可见霰生成主要由霰撞冻云水增长($CLcg$)、霰撞冻冰晶($CLig$)、冰晶撞冻雨滴形成霰($CLrig$)、霰的凝华增长($VDvg$)。霰在16 min开始生成、在33 min时达到最大值(图1-10)。

表8-8 2008年7月4日霰生成各项产量(单位:kt)

时间(年-月-日)	Tg	$CNsg$	$CLig$	$CLcg$	$CLrg$	$CLrig$	$CLsrg$	$VDvg$
2008-07-04	683	20	216	377	47	23	2	173

(2)催化微物理响应试验分析

由表 8-9 可知,催化后,试验冰晶、霰的总产量均增加,雹粒子产量有少量增加。霰融化为雨水、冰晶凝华增长、霰撞冻冰晶增长、冰晶撞冻雨滴形成霰产量在试验中增加、霰的凝华增长也增加。说明播撒的 AgI 粒子通过成核机制成为核化冰核,增加了冰晶的生成,促进了冰相物理过程的发展增强,使霰的产量增加,融化后生成更多的雨水粒子,最终增加了地面降雨,减少了冰雹的生成。

表 8-9　催化云与自然云微物理量的对比值(单位:kt)

增雨率	1.9(％)
雨水总产量增加	105
霰总产量增加	169
冰晶总产量增加	147
雹总产量增加值	27
霰融化为雨水增长($MLgr$)	64
冰晶凝华增长($VDvi$)	86
霰撞冻冰晶增长($CLig$)	267
冰晶撞冻雨滴形成霰增长($CLrig$)	1
霰凝华增长($VDvg$)	1

8.1.1.4　作业效果分析与检验

对流云人工增雨雷达效果分析软件是基于相似离度原理设计的,根据雷达回波参量自动选取对比云并进行效果分析的方法所研制,在此基础上对本次对流云增雨个例进行效果检验。

由图 8-5 可以看出,对流发展较为旺盛,云顶高度呈逐渐增高或维持状态,作业时回波顶高 5.5 km。作业时组合反射率最大值大于 40 dBz,回波较强。由于夏季针对对流云作业除少量个例为单纯增雨作业外,多以防雹为目的,但其周围相对较弱的对流云区仍有一定的增雨潜力,并且在成雹阶段之前以人工激发阵雨的形式冲刷云中水分,使云全部或部分地消散,也是人工影响强积云防止其降雹的可能途径。作业前半小时内组合反射率呈现持续增长或间断性起伏变化。作业前目标云的垂直积分液态水含量平均值为 7.6 kg/m²,即云中已累积了一定量的水成物,作业后半小时内会迅速增长,证明催化处于发展阶段的对流云,可促使云体进一步发展,云水含量增加。

催化后,回波顶高在 20～21 min 内达到最大,增高了 4.5 km;回波强度在

23 min 达到最大,增大了 10 dBz,增大率为 24%;液态水含量在 11 min 达到最大,最大增大了 10 kg/m²;强回波面积在 10～11 min 达到最大。上述统计的 4 个特征量在催化后约 30 min 左右都能达到最强。另外,个例目标云的生命史远大于对比云的生命史,说明作业后对流云的生命史延长,使增加降水的效果更为显著。

综上所述,利用对流云人工增雨方法对增雨作业效果分析来看,所选个例增雨的催化效果良好。良好的催化效果体现在:催化后,目标云发生了比较明显的变化,回波强度、强回波面积、回波顶高、液态含水量等催化后均增大,约 30 min 内都能达到最强,云顶黑体亮温降低;而相应的对比云增大率比目标云小,或者没有增大,生命期比目标云短。

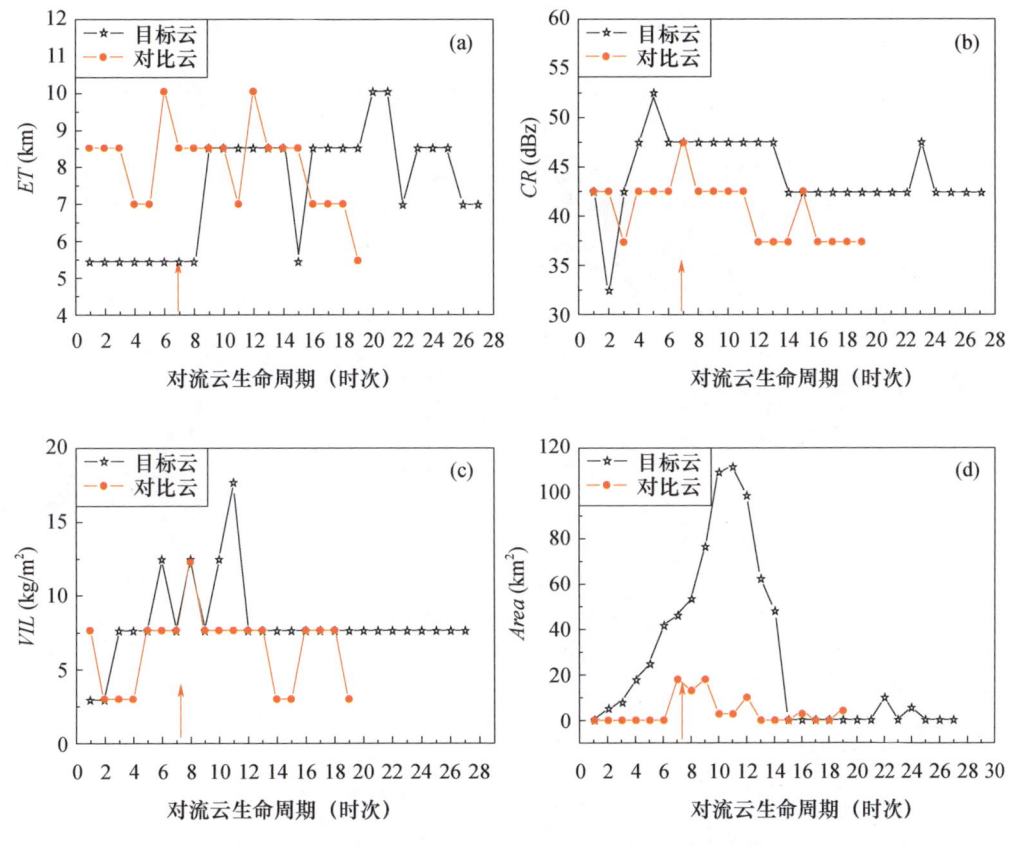

图 8-5　2008 年 7 月 4 日作业前后雷达回波顶高(a)、组合反射率(b)、
垂直积分液态水含量(c)和强回波面积(d)的演变
(横坐标对流云生命周期每 6 min 取 1 次值;
图中箭头表示增雨作业开始时间)

8.1.2 一次秋季对流云人工增雨作业(2014年9月29日)

8.1.2.1 作业条件监测分析

1. 天气形势和催化高度

2014年9月28日20:00,500 hPa高空槽位于云南西北部至山西北部,且自西向东移动,槽前风速为15～20 m/s;中低层700 hPa和850 hPa分别在四川南部至山东西部、贵州西北部至山东西南部有切变,且湖南南部至胶东半岛有12～15 m/s的急流区,受其影响,湖北自西向东有一次明显的降水过程发生(图8-6a)。从图8-6b武汉站探空图可看到,600 hPa(温度0 ℃)以上较干,低层较湿,上干下湿热力结构有利于对流发生;除低层925 hPa偏北风外,850 hPa以上为一致的西南风;AgI最佳催化窗口温度−10～−4 ℃高度位于550～450 hPa之间,垂直高度为5.5～6.5 km,风速12～20 m/s。

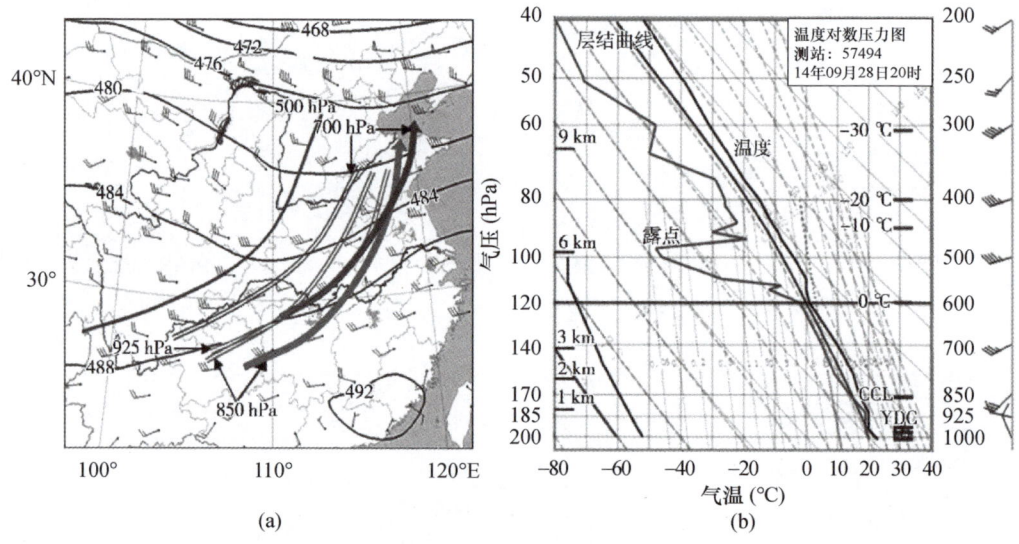

图8-6 2014年9月28日20时天气形势(a)(细线为500 hPa槽线,双线分别为700 hPa、850 hPa、925 hPa切变线,粗箭头分别为700 hPa、850 hPa急流轴)和武汉站 T-$\ln P$ 图(b)

2. 水汽场

从GPS/MET水汽场(图8-7)发现,增雨作业前2 h(28日23时),江汉平原东部至鄂东一带为水汽富集区,整层水汽含量达到50.2～59.7 mm,且在仙桃-潜江、大悟、麻城分别存在3个大值中心;29日00:00,仙桃-潜江大值中心向东移至武汉及周边地区,并与其他2个大值中心逐渐靠拢,使得水汽更加集中,在适当条件下可以促进丰富的水汽向云水迅速转化,再由云水形成降水,可见武汉及周边地区有较好的作业条件。29日00:00—01:00作业后,武汉及周边地区水汽持续下降,下降至3.5 mm以下。

第8章 对流云人工增雨技术的业务应用

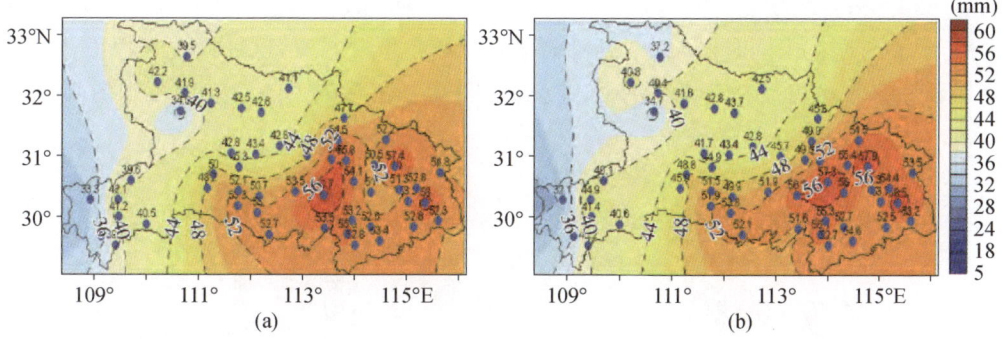

图 8-7　2014 年 9 月 28 日 23:00(a)和 29 日 00:00(b)GPS/MET 水汽变化

3. 雷达回波

从雷达组合反射率因子看到,9 月 29 日 00:03,武汉及周边对流单体有 29 个,其中新生单体占 40%左右;作业后 00:12(图 8-8a),许多对流云单体组成了西南-东北向带状回波,回波带位于洪湖-黄陂-红安一带,强回波中心强度达 45～55 dBz,回波顶高达 10 km 左右,且对流单体处于发展阶段活跃期;01:17(图 8-8b)对流单体集中在武汉地区境内,达 16 个。多普勒雷达 VWP 风廓线显示,29 日 00:00—01:00,0.6～1.2 km 高度层主要为偏北风,1.5 km 高度层顺转为西北风,1.8～2.4 km 高度层转为西南风,低层风向随高度逆转有冷平流,冷空气侵入非常明显,2.1 km 以上逐渐转为偏西风,中低层有暖平流,且 2.1 km 以上有明显的西南急流,风速为 14－16 m/s。可见,作业对象处于新生或发展阶段,且各作业点离对流单体均较近,有较好的作业条件。

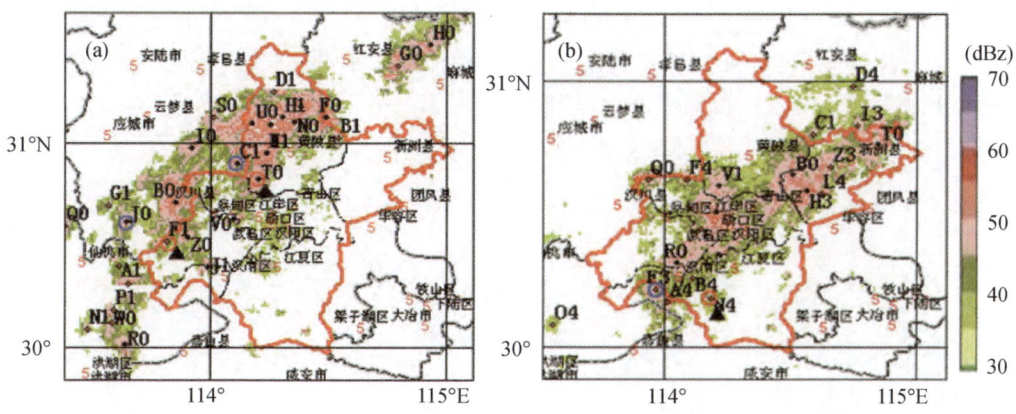

图 8-8　2014 年 9 月 29 日 00:12(a)和 01:17(b)催化时对流单体和作业点分布
(▲为作业点,红圈为目标云,蓝圈为对比云)

4. 对流云水汽相变

当气温在 0 ℃以下,液面饱和水汽压(e_s)＞冰面饱和水汽压(e_i)。从微波辐射计反演水汽压分类演变图(图 8-9)可以看到,零度层以上,绿色填色区($e＞e_s＞e_i$)主要发生的混合相态云中的演变方式为过冷水滴与冰粒子增长过程,在这种情况下,随着水汽的扩散,水滴与冰粒子同时增长,水滴和冰粒双方都在争取水汽,这种情况可以发生在混合相态云的上升气流区域,即过冷水主要集中在其所对应的4.3~6 km范围内。

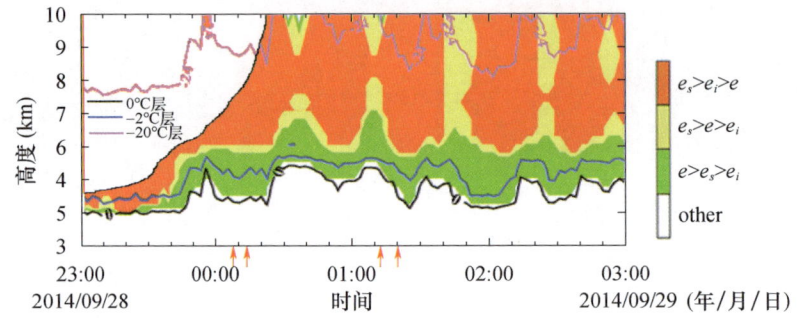

图 8-9 2014 年 9 月 28 日 23：00—29 日 03：00 微波辐射计反演水汽压分类演变图（红色箭头为催化时刻）

8.1.2.2 作业设计及催化剂扩散情况

武汉市通过该系统抓住对流云过境时机在 00：06—00：08、00：11—00：15、01：15—01：17 和 01：20—01：23 四个时段分别在 1~4 号四个作业点对对流单体 F1、T0 和 N4 各作业一次,第二次与第三次作业是对同一个单体作业,根据相似离度原理选择了目标云上游对流单体 J0、C1 和 F3 分别作为对比云。根据平流下的火箭飞机多线源扩散及有效区域计算方法,按 18 m/s 水平风来计算 1 号作业点 3 条线源瞬时催化后,催化区位置和浓度分布(图 8-10),60 min 就已经向西南方扩散了 72 km,将近到达东西湖区上空。假设水平风风向风速均匀一致为 18 m/s 的西南风,扩散 10 min 时,为分散的 3 个催化区;扩散 60 min 时,线间浓度明显变大,达到 $10^3/m^3$,边缘浓度依然较低,最大浓度也有所下降,催化区域开始变得连贯。

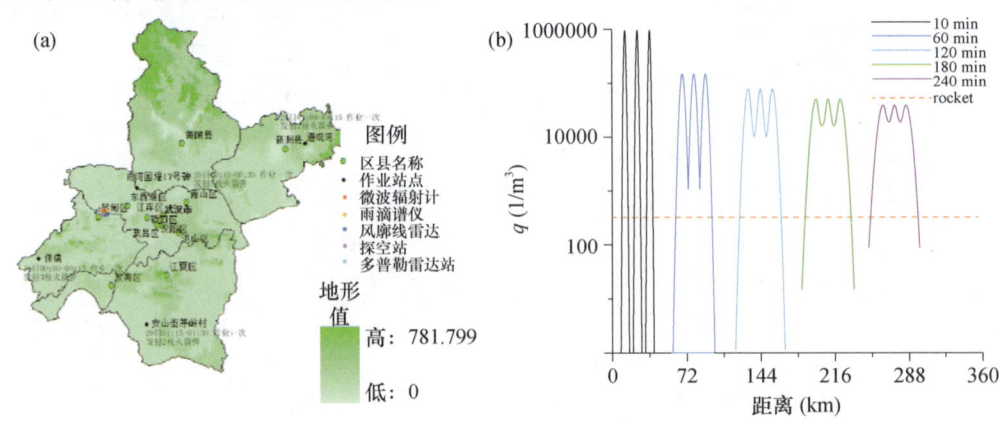

图 8-10 (a)2014 年 9 月 29 日 00：00—01：30 武汉作业概况及探测设备位置图,(b)瞬间 3 条线源催化后,催化区的位置和浓度分布演变

从图 8-11 可见,1 号作业点目标云为 F1 对流单体,9 月 29 日 00:32,F1 与 B0 单体合并,仍记为 F1 单体;00:33—00:51,催化单体 F1 经过武汉地面观测站雨滴谱仪所在位置,根据对比云自动选取方法,可选取 J0 作为对比云。同样,2 号作业点目标云 T0 单体,可选取 C1 作为对比云,3 号作业点目标云 N4 单体,可选取 F3 作为对比云。

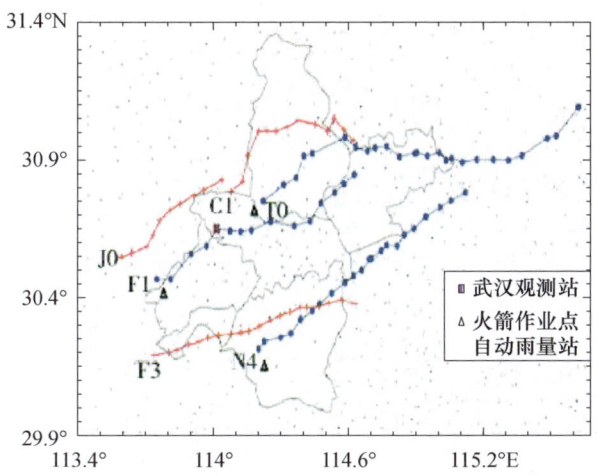

图 8-11　各作业点目标云(·)与对比云(十)路径跟踪监测及作业站点、地面雨量站和武汉综合观测站位置

8.1.2.3　催化目标云与对比云对比分析

从图 8-11 发现,对比云均位于目标云上游区域,且移动路径均自西南向东北方向移动,横跨整个武汉市区,因此从以下两个方面进行催化效果分析:(1)目标云作业前后回波参量的变化,如最大反射率因子(Z_{max})、回波顶高(ET)、垂直液态水含量(VIL)、强回波面积($Area$);(2)目标云与对比云回波参量的比较。

1. 各回波参量的对比

图 8-12 分别给出了催化目标云 F1、T0、N4 与相应对比 J0、C1 和 F3 的最大反射率因子(Z_{max})、回波顶高(ET)、垂直液态水含量(VIL)、强回波面积($Area$)4 个物理参量演变。可以看出,对于目标云 F1 单体的催化作用明显,主要表现再催化后 F1 单体 4 个物理参量均出现不同程度增长,在东移过程中易与其他单体合并且快速增强,生命史较对比云长 30 min 左右。催化目标云 T0 较对比单体 C1 晚出现 1 个体扫时间间隔,两者 Z_{max} 变化趋势较一致,均在 40~55 dBz 之间波动,但作业以后 ET、VIL 和 $Area$ 均明显快速增长至峰值,而后在移动过程中呈波动变化,且对比云 C1 生命史明显比催化目标云 T0 短,C1 在 29 日 01:09 消亡,而 T0 持续到 29 日 02:41。可见,这次催化作用明显,主要表现在催化后 ET、VIL 和 $Area$ 快速增长,且生命史大大延长,长于对比云 70 多分钟。N4 在 29 日 01:17—02:35 时段内平缓发展,而后至 03:30 时段内 Z_{max}、ET、VIL 和

Area 呈明显增加趋势,而对比云 F3 在 01:09—01:21 时段内 ET 表现为先增加、随后快速减少的特征,其他 3 个物理参量变化较平缓。对比来看,目标云 N4 单体的催化作用很明显,主要体现在催化后各物理量呈持续增加趋势,后劲很足,催化后生命史延长了 40 多分钟。

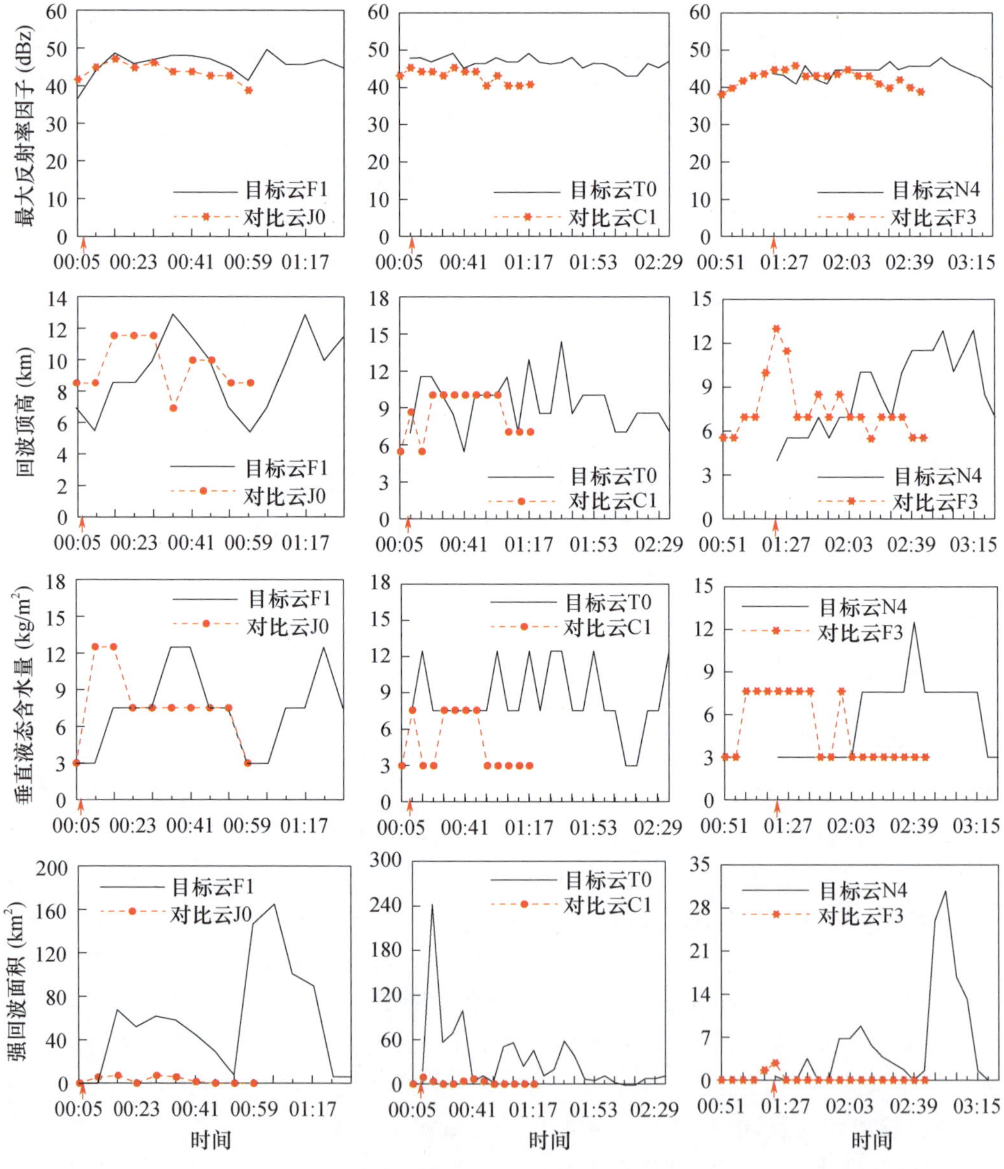

图 8-12　2014 年 9 月 29 日催化目标云(从左至右 F1、T0、N4)与相应对比云
(从左至右 J0、C1 和 F3)4 个物理参量(从上至下依次为最大反射率因子、回波顶高、
垂直液态含水量、强回波面积)演变对比(黑色箭头为催化时刻)

2. 雨滴谱的对比

LNM 激光雨滴谱仪安装在武汉综合观测站,距离 F1 单体生成时中心位置 28.3 km,9 月 29 日 00:06 开始对 F1 单体催化作业,F1 单体以 18 m/s 速度向测站方向移动,26.2 min 即可到达雨滴谱仪所在位置,因此将开始降水的 9 月 28 日 23:33 至 29 日 00:33 时段作为作业前时段。通过 SCIT 技术跟踪催化对流单体 F1 发现 00:33—00:51 时间段为催化作业后影响的降水时段,00:51—01:21、01:21—02:21、02:21—03:30 为影响结束后的 3 个时段。从图 8-13 可以看到催化前降水粒径最大为 3.1 mm,催化以后粒径扩展至 5.25 mm,且形成的地面降水例子在 1.85 mm 粒径处出现峰值,影响结束后 30 min 粒径有所下降,降至 4.55 mm,1 h 后、2 h 后粒径进一步下降至 3.5 mm 左右,且平均数浓度高于催化前 2~3 个数量级,可见,火箭催化人工增雨后,云中粒子可以在很短的时间里完成从小云滴或冰晶向大云滴或雨滴的转化,粒径和数浓度快速增长至最大,当催化目标云过境以后粒径由 5.25 mm 下降至 3.5 mm 左右。

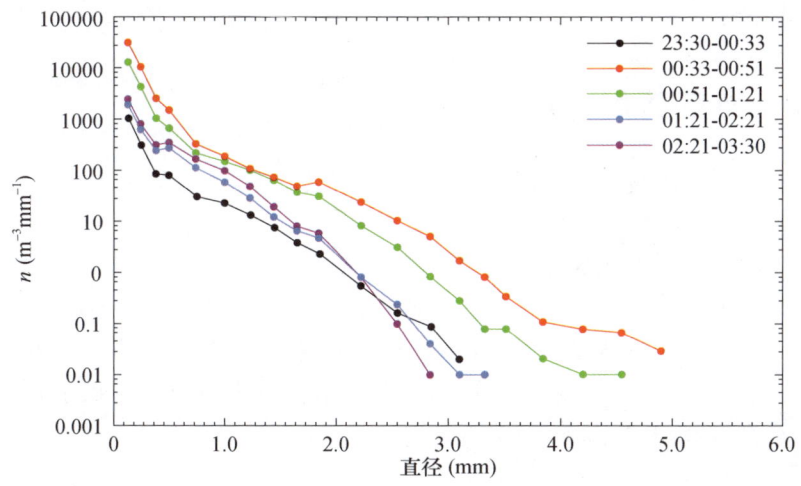

图 8-13　2014 年 9 月 28 日—29 日 F1 单体催化作业前后武汉站 LNM 雨滴谱的变化趋势

3. 影响雨量的对比

武汉及周边地区自动雨量站较密集,每个雨量站之间平均间隔 7~10 km。从前面分析得知,催化目标云与对比云间隔 6~10 min 左右就可经过一自动雨量站。为了更好地评价这次增雨效果,取分钟雨量,即每过 1 个雨量站,按过境影响时间进行相应雨量累加,直至单体消亡为止。按照公式分别计算目标云 F1、T0 和 N4 及对比云 J0、C1 和 F3 降雨量。从表 8-10 可以看出,催化后目标云比对比云生存时间长 31~72 min。累计雨量大,目标云 F1、T0 和 N4 的增雨率分别为 43.6%、48.2% 和 36.1%。对流云降水具有距地性强、有较高的水汽凝结率、含水量大、降水效率低等规律,结合上述研究发现对流云通过人工催化有助于加快降水形成,有很大的增雨潜力。

表 8-10　2014 年 9 月 29 日催化目标云与对比云催化后累计降雨量

作业点	1 号		2 号		3 号	
单体	目标云 F1	对比云 J0	目标云 T0	对比云 C1	目标云 N4	对比云 F3
催化后生存时间(min)	82	51	141	69	128	85
催化后经过雨量站个数(个)	9	6	15	7	13	9
累计雨量(mm)	23.7	16.5	29.9	20.2	15.5	11.4
增雨率(%)	43.6		48.2		36.1	

综上所述,利用对流云人工增雨方法对增雨作业效果分析来看,所选个例增雨的催化效果良好。良好的催化效果体现在:催化后,目标云发生了比较明显的变化,回波强度、强回波面积、回波顶高、液态含水量等催化后均增大,约 30 min 内都能达到最强,云顶黑体亮温降低;而相应的对比云增大率比目标云小,或者没有增大,生命期比目标云短。

8.2　推广应用情况

对流云人工增雨技术主要成果于 2007 年 8 月 1 日起逐步在湖北省人工影响天气办公室及 17 个地(市、州)气象部门投入对流云人工增雨业务试验,在湖北省农业干旱期间、水库蓄水、净化城市环境等服务为主的人工增雨作业和西部山区强对流云化雹为雨作业的服务工作中发挥了重要作用,并成为湖北省气象局的重要业务支撑系统之一。同时也在湖北省不同部门和不同领域得到了广泛的应用,在防灾减灾、生态环境保护中发挥了重要作用,为湖北粮食产量十三连增做出了积极贡献,取得了显著社会、经济和生态效益(表 8-11)。

表 8-11　对流云人工增雨关键技术服务情况

服务部门/领域	应用单位	主要服务过程	服务效果
水利部门和防汛抗旱部门	湖北省防汛抗旱指挥部	2010 年 9 月—2011 年 6 月(四季连旱)、2012、2013、2014、2015,2016 年 8—10 月北部和东部局地伏旱,据统计,共组织实施地面和飞机作业 1 万多次	增加降水 127 多亿吨,为累计 320 多万公顷受旱农田缓解旱情,275 多万人、80 多万头大牲畜解决饮水困难和湖北粮食产量十三连增做出了突出贡献
		2014 年伏旱期间襄阳、随州、孝感、荆门等地 29 座水库水位下降快,8 月 10 日至 9 月 1 日共实施飞机人工增雨作业 10 架次	增加降水量约 4.014 亿 t,增雨作业后有 24 个水库的库水位有不同程度的上升,蓄水量累计增幅 2.59 亿 m^3,资源型增蓄效果比较显著

续表

服务部门/领域	应用单位	主要服务过程	服务效果
烟叶生产部门	湖北省烟叶生产可持续发展领导小组办公室	从2010年起应用技术成果在西部四个市(州)开展了地面作业6785次,发射高炮弹45631发、火箭弹1168枚	保护了20多个植烟区烟叶生产,减少不利天气对烟叶生产造成的损失,确保烟农利益、提升了烟叶产量和质量
环保部门	湖北省、市(州)环保部门	从2012年起,在冬春季节城市空气污染严重时段,开展53次飞机和600余次地面人工增雨作业来改善城市空气质量	据统计平均每年改善空气质量达到30余天,与上一年同期相比优良天数平均提高1.8 d/月,优良率提高5.9%/月
林业部门	湖北省森林防火指挥部办公室	2010—2020年,绿满荆楚和森林防火的服务工作中累积开展20余次地面增雨作业,指挥飞机增雨作业3次过程	降低了森林火险等级15次,帮助林业部门扑灭了森林火灾5次

8.3 经济效益和社会效益

对流云人工增雨技术研究成果主要应用于气象及人工影响天气行业,均属于公益性行业,其社会效益主要通过服务手段的更新、服务能力的加强、服务水平的提升来实现,具体表现在以下几方面。

(1)提升对流云人工增雨业务能力和科技水平。从人工增雨实际业务出发建立了从回波结构、云结构、水物质条件、抬升条件等多个方面的对流云人工增雨作业条件综合识别指标,研究了雷达自动识别作业云和非作业云技术,可自动识别作业云和非作业云,以及通过集成基于相似离度原理依据雷达回波自动选取对比云进行人工增雨效果检验的方法等成果,自主研发了集对流云跟踪监测与效果分析检验于一体的对流云人工增雨业务系统,先后在湖北省等多个省级人工影响天气部门投入业务运行,2008—2017年对流云作业条件识别方法和指标在湖北省和推广地区得到应用,条件识别成功率达90%以上,仅在湖北省就指挥了1万余次对流云高炮火箭人工增雨作业,减小干旱、水库缺水和城市空气严重污染等造成的灾害,在防灾减灾中发挥了重要作用,为湖北粮食产量十三连增做出了积极贡献,据统计平均每年改善空气质量达到30余天,每年与上一年同期相比优良天数平均提高1.8 d/月,优良率提高5.9%/月,社会和生态效益显著。

(2)为对流云人工增雨提供理论基础。建立了对流云人工增雨概念模型,研究了人工影响天气作业潜力云分类识别技术方法,以及利用新资料(FY3、微波辐射计)和新方法(LAPS结合对流云模式)从不同方面研究了强对流云结构特征和临近预警技术,投入业务应用。业务预报和科研人员能够方便地获取云分类产品和跟踪监测对流云发生、发展等不同阶段,可在对流云人工增雨机理研究工作和强对流云临近预警工作方面提供参考作用。

(3)为湖北省委、省政府制订防汛抗旱措施提供决策依据。应用本项目的研究成果在湖北省防汛抗旱指挥部、湖北省烟草生产可持续发展领导小组办公室、湖北省森林防火指挥部办公室、湖北省气象局、武汉市环境监测中心等单位开展抗旱减灾、水库增蓄水、提高烟叶质量和品质、基于人工增雨的消霾(雾)等服务工作,向湖北省委、省政府呈报多篇决策服务材料,并得到了湖北省政府领导的充分肯定。

参考文献

陈宝君,李爱华,吴林林,等,2016. 暖底对流云催化的微物理和动力效应的数值模拟[J]. 大气科学,40(2):271-288.

陈英英,周毓荃,毛节泰,等,2007. 利用FY-2C静止卫星资料反演云粒子有效半径的试验研究[J]. 气象,33(4):29-34.

陈英英,唐仁茂,周毓荃,等,2011. 用三通道合成彩色图像进行云的分类解释判读[J]. 应用气象学报,22(6):691-697.

陈英英,唐仁茂,李德俊,等,2013a. 利用雷达和卫星资料对一次强对流天气过程的云结构特征分析[J]. 高原气象,32(4):1148-1156.

陈英英,熊守权,周毓荃,等,2013b. FY-3A三个通道资料反演水云有效粒子半径的研究[J]. 气象,39(4):507-515.

陈英英,杨凡,徐桂荣,等,2015. 基于雨雪天气背景的微波辐射计斜路径与天顶观测的反演结果对比分析[J]. 暴雨灾害,34(4):375-383.

陈英英,熊守权,周毓荃,等,2017. 基于FY-3/MERSI卫星资料的霾判识方法研究[J]. 气象,43(11):1431-1438.

国家统计局. 2020. 中国统计年鉴2020[M]. 北京:中国统计出版社.

贾烁,姚展予,2016. 江淮对流云人工增雨作业效果检验个例分析[J]. 气象,42(2):238-245.

李德俊,李跃清,柳草,2009,等. 利用TRMM卫星资料对"07.7"川南特大暴雨的诊断研究[J]. 暴雨灾害,28(3):235-240.

李德俊,叶建元,李跃清,等,2010. 恩施山区强冰雹和短时强降水天气落区分析[J]. 高原山地气象研究,30(2):51-54.

李德俊,唐仁茂,熊守权,等,2011. 强冰雹和短时强降水天气雷达特征及临近预警[J]. 气象,37(4):474-480.

李德俊,唐仁茂,向玉春,等,2012. 基于多种探测资料对武汉一次短时暴雪天气的检测分析[J]. 高原气象,31(5):1386-1392.

李德俊,熊守权,柳草,等,2013. 武汉一次短时暴雪过程的地面雨滴谱特征分析[J]. 暴雨灾害,32(2):188-192.

李德俊,熊守权,柳草,等,2014. 鄂西北两次强降雪的滴谱特征和积雪深度预估方法[J]. 气象,40(5):612-618.

李德俊,李跃清,柳草,等,2016a. 一次特大暴雨过程中涡旋暴雨云团的演变特征分析[J]. 暴雨灾害,35(5):437-444.

李德俊,唐仁茂,江鸿,等,2016b. 武汉一次对流云火箭人工增雨作业的综合观测分析[J]. 干旱气象,34(2):362-369.

李德俊,熊守权,柳草,等,2017. 降水对武汉 2 次空气污染过程的湿清除特征[J]. 中国农学通报,33(29):95-102.

李德俊,熊守权,张海燕,等,2020. 基于地基微波辐射计反演云中水汽相变过程的方法和装置:201711325154.8[P]. 2017-12-13.

李开乐,1986. 相似离度及其使用技术[J]. 气象学报,44(2):174-183.

唐仁茂,向玉春,叶建元,等,2009. 多种探测资料在人工增雨作业效果物理检验中的应用[J]. 气象,35(8):70-75.

唐仁茂,袁正腾,向玉春,等,2010. 依据雷达回波自动选取对比云进行人工增雨效果检验的方法[J]. 气象,36(4):96-100.

唐仁茂,李德俊,向玉春,等,2012a. 地基微波辐射计对咸宁一次冰雹天气过程的监测分析[J]. 气象学报,70(4):806-813.

唐仁茂,李德俊,袁正腾,等,2012b. 对流云人工增雨雷达效果分析软件的应用[J]. 气候与环境研究,17(6):871-883.

王斌,向玉春,张鸿雁,2008. 一次对流降水过程增雨催化时机的模拟分析和雷达识别[J]. 气象,34(1):35-40.

王慧娟,袁正腾,许建玉,等,2014. 基于 LAPS 资料的一次冰雹过程数值催化模拟研究[J]. 气象科学,34(1):104-111.

王以琳,姚展予,林长城,2018. 人工增雨作业前后不同高度雷达回波分析[J]. 干旱气象,36(4):644-651.

向玉春,唐仁茂,周月华,等,2008. 湖北省空中水资源开发潜力分析[J]. 人民长江,39(24):26-28,37.

向玉春,杨军,李红莉,等,2009. LAPS 资料在人工影响天气中的应用初探[J]. 暴雨灾害,28(3):271-276.

许焕斌,段英,2001. 冰雹形成机制的研究并论人工雹胚与自然雹胚的"利益竞争"防雹假说[J]. 大气科学,(2):277-288.

许焕斌,2012. 强对流云物理及其应用[M]. 北京:气象出版社.

许焕斌,2015. 人工影响天气科学技术问答—探索理论通往应用之路[M]. 北京:气象出版社:7-56.

姚展予,王铁,臧欣,等. 2017. 一种播云作业效果雷达探测时间序列对比分析方法及系统:201510666291.2[P]. 2015-10-15.

叶家东,1979. 人工降水的试验设计和效果检验[J]. 气象,5(2):26-29.

袁野,冯静夷,蒋年冲,等,2008. 夏季催化对流云雷达回波特征对比分析[J]. 气象,34(1):41-47.

袁正腾,陈正洪,陈英英,等,2014. SWAN 雷达拼图 VIL 产品中鄂西南地物回波特征及其剔除方法[J]. 干旱气象,32(1):147-150.

袁正腾,唐仁茂,李德俊,等,2012. 基于 SWAN 和 LAPS 产品的人影作业参数自动估算方法研究[J]. 暴雨灾害,31(1):78-82.

中国气象局,2003. 地面气象观测规范[M]. 北京:气象出版社.

周毓荃,朱冰,2014. 高炮、火箭和飞机催化扩散规律和作业设计的研究[J]. 气象,40(8):965—980.

参考文献

祝晓芸,姚展予,2017. 江西省对流云火箭增雨作业个例分析[J]. 气象,43(2):221-231.

Black R A,Heymafield G M,Hallett J,2003. Extra large particle images at 12 km in a hurricane eyewall:Evidence of high-altitude supercooled water[J]. Geophys Res Lett,30(21):101-104.

Heymefield G M,Tian L,Heymsfield A J,et al,2010. Characteristics of deep tropical and subtropical convective from Nadir-viewing high-Altitude Airborne Doppler Radar[J]. Atmos Sci,67(2):285-308.

Lerach D G,Rutledge S A,Williama C R,2009. Vertical structure of convective system during NAME2004[J],Mon Wea Rev,138(5):1695-1714.

Rosenfeld D,Woodpeg W L,1993. Effects of Cloud Seeding in West Texa:Additional results and new insights[J]. J Appl Meteor,32:1848—1866.